寂静的春天

【美】蕾切尔·卡逊　著

冯炜雯　译

民主与建设出版社

图书在版编目（CIP）数据

寂静的春天 /（美）蕾切尔·卡逊著；冯圹雯译
-- 北京：民主与建设出版社，2017.9
ISBN 978-7-5139-1690-5

Ⅰ.①寂… Ⅱ.①蕾… ②冯… Ⅲ.①环境保护—普
及读物 Ⅳ.① X-49

中国版本图书馆CIP数据核字(2017)第220000号

寂静的春天
JI JING DE CHUN TIAN

出 版 人	许久文
总 策 划	丁焕朋
作　　者	［美］蕾切尔·卡逊
译　　者	冯圹雯
责任编辑	刘树民
封面设计	三石工作室
出版发行	民主与建设出版社有限责任公司
电　　话	（010）59417747　59419778
社　　址	北京市海淀区西三环中路 10 号望海楼 E 座 7 层
邮　　编	100142
印　　刷	三河市天润建兴印务有限公司
版　　次	2017 年 9 月第 1 版　2021 年 7 月第 3 次印刷
开　　本	630mm × 910mm　1/16
印　　张	12 印张
字　　数	202 千字
书　　号	ISBN 978-7-5139-1690-5
定　　价	59.80 元

注：如发现质量问题，请联系调换。电话：010-59424657

目　录

序　言

作为一名被选民选出来的政府官员，为《寂静的春天》这本书作序让我感到自卑，导致这种自卑感的主要原因是，这本书是一座丰碑，为思想的力量比政治家的力量更强大提供了有力的证据。1962 年，当《寂静的春天》第一次出版时，在公共政策里还没有"环境"这一选项。在一些城市，尤其是洛杉矶，尽管从表面上看起来还没对公众健康造成很大的、明显的威胁，但雾霾已经成为一系列事件的起因。尽管资源保护问题—环境保护主义的前身—在 1960 年的选举中民主党和共和党的辩论中就已有所涉及，但只是在讨论国家公园以及自然资源时顺便提及。在过去，除了在普通人很难看到的一些科技期刊里，实际上完全没有有关如DDT① 以及其他杀虫剂和化学药品的正在不断增长、带来很多看不见的危险的讨论。而《寂静的春天》的出版，仿佛是旷野里的一声呐喊，用来自切身的深刻感受、全面翔实的研究和雄辩的论点改变了历史的进程。要是没有这本书，环保运动很可能会被延误很长时间，甚至至今也还没有开始。

这本书的作者是一位研究鱼类和野生资源的海洋生物学家，鉴于此，就完全没必要为这本书和它的作者受到那些从环境污染中获利的人的抵制和反对而感到吃惊了。绝大多数的化工公司都想要阻止《寂静的春天》这本书的出版发行。当它的一些片段被摘录在《纽约客》上时，立刻遭到了一群人的指责，他们指责本书的作者卡逊是一个歇斯底里的、极端的人。即使到了现在，依然能听到这类谩骂（在 1992 年的竞选中，我被贴上了"臭氧人"的标签。不过，为我贴上这样的标签绝非为了赞扬我，但我以此为荣。我知道，把这些问题提出来，总会激起凶

---

① DDT，DDT 又称滴滴涕、二二三，是一种杀虫剂，也是一种农药，为白色晶体，无味无臭，不溶于水，溶于煤油。它的杀虫功效在 1939 年由瑞士化学家穆勒发现并推广，在 20 世纪上半叶对防治农业病虫害、减轻疟疾伤寒等起到重要作用。由于其在环境中非常难降解，并可在动物脂肪内蓄积，对环境污染过于严重，因此很多国家和地区已经禁止使用。

狠的—很多时候是愚蠢的—攻击）。当这本书开始流传开来时，遭到的攻击是非常可怕的。

　　蕾切尔·卡逊所遭受的攻击绝对比得上当年《物种的起源》出版后达尔文受到的攻击。更何况，卡逊是一位女性，更多的冷嘲热讽指向了她的性别，她被称作是"歇斯底里的"。《时代》杂志甚至还指责她过于"煽情"。于是，她被看作是"大自然的女祭师"而遭到摒弃，连她作为科学家的荣誉也受到攻击，而那些攻击者资助了那些预料会否定她的研究工作的宣传品。那是一场激烈的、有目的和金钱保障的针对她的攻击战，然而，这样的反击不是针对一名政治候选人，而是一本书和它的作者。

　　在针对这类攻击的论战中，卡逊拥有着两个决定性的力量：尊重事实和非凡的个人勇气。她对《寂静的春天》这本书的每一段话都反复地进行了推敲。事实证明，她说出的警言是简洁明了、言简意赅的。她的勇气、她的远见卓识已使她远远超过了她想要撼动的那些顽固、获利颇丰的产业的意愿。在写《寂静的春天》这本书时，她强忍着切除乳房肿瘤的巨大痛苦，同时还在接受放疗。在这本书出版两年后，她不幸逝世于乳腺癌。具有讽刺意味的是，新的研究结果有力地证明了，这一疾病跟有毒化学物品的泄漏有着不可否认的关联。因此，从某种意义上来说，卡逊是为自己的生命而写下这本书的。

　　在她的著作中，她还反对科学革命时期遗留下来的那些陈腐的观念。人（当然是指人类中的男性）是万物的主宰和世界的中心，而科学史就是一部男性的统治史—并且最终达到了一个几乎是绝对的态势。当一名女性敢于向传统发起挑战时，这个传统的杰出的卫道士罗伯特·史蒂文斯就以傲慢的口吻、离奇得有如地球扁平理论那样的话语回答说："争论的关键在于卡逊坚持自然的平衡是人类生存的主要要素。然而，当代的化学家、生物学家和其他科学家坚信，人类正牢牢掌控着大自然。"

　　正是这种用今天的眼光来看十分荒谬的世界观，说明了在很多年前卡逊的观点多么具有革命性。那些来自既得利益企业集团的攻击是可以预计的，但让人遗憾的是，甚至连美国医学协会也站到了这些化学公司的一边。并且，发现DDT的杀虫性的人还获得了诺贝尔奖。

　　但《寂静的春天》不可能被扼杀。尽管它所提出的问题很难立刻解决，但这本书本身受到了人民大众的欢迎和支持。顺便再次提及一下，卡逊已经靠自己以前的两本书获得了经济上的独立自主和公众信誉，它们是《环绕我们的海洋》和《海的边缘》。要是《寂静的春天》这本书提早十年出版，它一定会悄无声息地被人遗忘。好在在这十年的时间里，美国人对环境问题有了心理准备，听到或者留意到了书中提到的那些信息。从某种意义上来说，这位女性是伴随着这场运动一起到来的。

最后，政府和民众都被卷入了这场运动中—不仅仅是读过这本书的人，还有那些在报纸和电视上看到过有关这本书的介绍的人。当《寂静的春天》的销量超过了五十万册时，CBS 专门为它制作了一个长达一小时的节目，甚至在两大出资人停止赞助后，电视网还是继续对它做着宣传。肯尼迪总统曾在国会上讨论这本书，并且专门指定了一个调查小组来调查该书的观点。这个专门的调查小组得出的调查结果恰恰是对一些企业和官僚的熟视无睹的控诉—卡逊提出的关于杀虫剂具有潜在危险的警告是正确的。不久后，国会开始重视这个问题，专门成立了第一批基层环境保护组织。

《寂静的春天》播撒下了新行动主义的种子，并已深深植根于人民大众的心里。1964 年春天，蕾切尔·卡逊与世长辞后，一切都变得清晰起来，她的声音再也不会寂静。是她惊醒了我们的国家，甚至整个世界。《寂静的春天》的出版，应该被恰如其分地看作是现代环境运动的起点。

至于说到我自己，《寂静的春天》对我的影响是巨大的，它是在我母亲的建议下我们在家里读的几本书中的一本，还是我们在餐桌旁加以探讨的对象。我姐姐和我一般不喜欢把任何书拿到餐桌前，但《寂静的春天》这本书是个例外。我们的讨论总是愉快的，给我们留下了生动的记忆。事实上，蕾切尔·卡逊是促使我开始意识到环境问题的重要性，并投身于环境运动的主要原因之一。她激励了我，使我写下了《濒临失衡的地球》一书。这本书是由哈顿·米福林公司出版的，这绝非偶然。正是这家公司在有关卡逊的整个论战过程中都全力支持着她，也因此获得了很好的名声，并前后出版发行了很多有关世界面临的环境危机的好书。卡逊的照片和那些政治领袖—那些总统和总理的照片一起悬挂在我的办公室的墙上。它在那里已经好些年了，它属于那里。卡逊对我的影响跟他们一样，甚至超过了这些政治家的总和！

作为一名科学家和理想主义者，卡逊同时也是一位孤独的听众，而官场上的人时常难以做到这点。当她收到一封来自马萨诸塞州杜可斯波里的一个名叫奥尔加·哈金丝的妇女关于 DDT 正导致鸟类死亡的信时，她构思了《寂静的春天》。现在，正因为卡逊的努力，DDT 被禁止，一些被她尤为关注的鸟类，比如那种会迁徙的猎鹰，不再濒临灭绝。因为她的著作，人类，至少是很多人因此保住了自己的生命。

毫无疑问，《寂静的春天》带来的影响完全足以与《汤姆叔叔的小屋》媲美。正是这两本弥足珍贵的书籍改变了我们的社会。当然，它们之间有着很大的不同。哈丽特·伊丽莎白·贝切尔·斯托将人们所熟知的、公众关注的焦点用小说的形式表达了出来。她为国家利益和大众关怀注入了更多人性的要素。她所描绘的奴隶形象唤醒了民众的良知。林肯在南北战争处于关键时期时接见了她，对她说："您就是启动整个事件的小女士。"与此相反，蕾切尔·卡逊则警告人们注意一个几乎无人意识到的危险，她试图把环境问题提到国家的议事日程中来，而不是为已经引起人们注意的问题提供证据。从这种意义上来说，她的呐喊就更加弥足珍贵。但具有讽刺意味的是，当她 1963 年在国会做证时，参议院的亚伯拉罕·李比克夫（Abraham Ribicof）在欢迎她时，怪异地模仿了林肯刚好在一个世纪前的话："卡逊小姐，您就是启动这一切的那个女士。"

这两本书还有一个不同之处在于，《寂静的春天》是跟现实持续不断地紧密关联着的。奴隶制能够也确实在几年内终结了，尽管还要耗费一个多世纪甚至更长的时间来处理它所带来的后果。但，如果说奴隶制可以依靠笔端的斗争得到废除，化学污染却无法做到。尽管卡逊的论辩掷地有声，尽管美国采取了诸如禁止使用DDT 的行动，环境危机却并没有因此而好转，反倒是越来越糟糕。也许灾难增长的速率减缓了，但这本身就是一种令人不安的牵挂。从《寂静的春天》出版以来，仅仅是在农场里的农药使用量就增加到了每年十一亿吨之多，那些危险的化学药品的产量更是上涨了400%。我们自己禁止了一些农药的使用，却仍然在生产和出口这些农药。这不仅仅让我们陷入到一种以出卖自己不愿意接受的公害并从中获利的困境，而且还反映了在对科学无国界观念的理解上存在着原则性错误—毒害任何地方的食物链，最终都会导致整个食物链的被毒害。

卡逊很少几次演讲的最后一次，是在全美园林俱乐部（Garden Club of America）。她承认，事情在变好前会越来越糟："问题有很多，但没有一个简单的解决办法。"她说，"我们等待得越长久，所面临的危险就越大。我们正在遭受暴露在外的化学药品的全面污染。动物实验已经证明，它们极具毒性，它们的毒性在很多情况下还会累积起来。这种侵害在生命出生时或者出生前就已经开始，如果不改变我们的行为方式,这种侵害就会贯穿整个生命的过程。没人知道结果会是怎样的,因为我们从没有过这样的经历。"在她说出这些话后,我们已经悲哀地经历过了很多,癌症及其他跟农药有关的疾病发病率猛增。而最难解决的是,我们并非什么也没做,反倒是我们已经做过了很多很重要的事情,只可惜我们做得还远远不够。

环境保护署(Environmental Protection Agency)能于1970年成立,这其中蕾切尔·卡逊起了巨大的作用,因为正是她唤醒了人们对环境问题的意识和关注。杀虫剂管制和食品安全的调查机构(Food Safety in-spection Sechce)因此从农业部转移到了新的机构,而农业部自然只是想要了解谷物喷洒农药的好处,而不是危险。从1962年起,国会就开始号召确定杀虫剂的验验、注册和资料的标准,不是一次,而是三番五次地强调,但大部分标准遭到忽视、延迟甚至废弃。比如,克林顿-戈尔政府在刚开始成立时,使农业从业者免受杀虫剂毒害的标准还没有被确立,尽管环保署在70年代就开始了"运作",诸如DDT之类的广谱杀虫剂已经被窄谱杀虫剂替代,但这些窄谱杀虫剂并没有受到过全面的检测,具有很大或者更大的危险性。

杀虫剂产业中的那些占大多数的强硬派人士成功地推迟了《寂静的春天》中呼吁的保护性措施的施行。让人吃惊的是,这么多年来,国会仍然维护这类产业。用来规范杀虫剂、杀菌剂和灭鼠药等的法规的标准,要比食品和医药的法律宽松很多,国会是有意让它们很难得以实施的。在制定杀虫剂的安全标准时,政府不仅考虑了这类产品的毒性,也考虑到了它们能带来的经济效益。这简直就是在自设陷阱。农业产量的增加(本来也可以通过别的方法实现),是以癌症、神经疾病等疾病的潜在增长作为代价的。更何况,把具有危险性的杀虫剂从市场上完全清除,还需要五至十年时间。新型的杀虫剂即使毒性很强,但只要功效比现有的稍微好点,就会被允许上市。

在我看来,这更像是一种"在低谷待久了,反而有上升的感觉"的心理感受性平衡。现有的体制是典型的浮士德式交易—牺牲长期利益,获取近期利益。但可以证明,这种近期利益是非常短暂的。很多杀虫剂并不能让所有害虫灭绝,也许一开始能,但害虫能够通过基因的突变逐渐适应,然后这些杀虫剂就失去了效果。更何况,我们重点研发的杀虫剂的作用是针对成虫的,而不是针对幼虫,而成虫对化学药品的敏感度是特别高的。科学家们总是把幼虫和成虫分开着来检测杀虫剂的效果，并没有把两者结合起来加以检测。而这正是对我们的田野、牧场和河流巨大的潜在危险。重要的是，我们继承的是这样一种系统：法律与漏洞并存、执行与延迟同在，同时还会全方位地掩盖政策的失败。

蕾切尔·卡逊告诉我们，杀虫剂的过度使用与我们的基本价值观不协调。最坏的结果是，它们制造了她所谓的"死亡之河"，最好的结果则是，它们带来了相对来讲长期和缓慢的危害。但真实的结果是，在《寂静的春天》出版二十二年后的今天，我们的法律、法规和政治体制都没有做出足够的反应。而卡逊不仅了解环境，也深知政治上存在的分歧，她在当时就已经预见到了失败的原因。在人们还没有开始讨论金钱与势力两大"污染"时，她就在园林俱乐部的演讲中指出："优势……给了那些阻止修改法律的人。"在预测政治体制改革所可能引起的纷争时，她谴责减少竞选开支税（本届政府正在寻求废除），并指出这种减税意味着（举个特殊的例子）化工工业可以在捐款上讨价还价，以反对未来的管制……追求不受法律约束的工业界正从自己的努力中获取利益。简而言之，她大胆地断定，杀虫剂问题会因为政治原因而永远存在：清除污染最重要的是要先澄清政治。

一种持续数年的失败，可以用来解释另一种失败，其结果会跟它们不可接受一样难以否定。1992 年，我国共使用了二十二亿磅的杀虫剂，等于是人均八磅。我们已经知道了很多杀虫剂具有致癌性，而其他的那些针对昆虫神经和免疫系统的，一样可能对人类存在着伤害作用。尽管我们今天已不再需要卡逊所描述的日用化学品的那些值得怀疑的好处—"我们可以用一种蜡处理地板，它能够杀死上面的虫子"，如今，有超过九十万家农场和 6900 万个家庭在使用杀虫剂。

1988 年，环保署报告说，在三十二个州地表水遭到了七十四种不同的农业化学品的污染，其中包括除锈剂阿特拉津（A-trazine）①，而正是这种东西被认为对人类存在着潜在的致癌作用。密西西比河流域的玉米田每年都会被喷洒七千万吨的农药，其中的一百五十万磅流入了两千万万人饮水源的河流中。阿特拉津是无法经由市政的污水处理系统消除的。当春天来临时，水中的阿特拉津含量会经常超过饮水源的安全标准。1993 年，整个密西西比河流域的 25% 的水都是这样。因为

---

① 阿特拉津（A-trazine）：内吸选择性苗前、苗后除草剂，对皮肤和眼睛有刺激性作用。属低毒除草剂。动物实验致癌、致畸为阳性。对人有致突变作用。有国外新闻报道称，美国相关研究人员发现常用除草剂阿特拉津会令雄蛙变性为雌蛙。

其他一些原因，DDT 和 PCBs① 在美国被禁用了，但作为仁学物的近亲仿雌性激素的杀虫剂却大量开始出现，并且还在日渐增加。来自苏梓兰、密执安、德国以及别的一些地区的研究报告表明，这类杀虫剂具有导致生育能力下降、引发睾丸癌和肺癌以及引起生殖器官畸形的副作用。仅在美国，当这种激素类杀虫剂开始泛滥后的二十年时间后，睾丸癌的发病率增长了 50%。这个数据意味着，由于某种不清楚的原因，世界范围内的精子数下降了 50%。其中有一些文献认为，这类化学药品同样也影响到了野生动物的繁殖能力。有三名研究人员分析了从《环境与健康服务协会杂志》（Journal of the Institute of Environmental Health Services) 得到的数据后得出结论：“现在很多野生动物的数量已经处于危险的边缘。”大多数这类问题都是动物和人类的再生系统发生巨大且难以预知的变化的征兆，但现有的有关危险性评估的法律，并没有考虑到杀虫剂潜在的危害性。新政府将会建议进行这类检测。

那些化学药品的卫道士无疑会做出传统的回答：以人为对象的实验并没有显现出化学药品与疾病之间存在着直接联系，巧合不等于因果关系（虽然一些巧合要求做出谨慎而不是鲁莽的决定），而在动物身上做的实验并非总是绝对地、必然地等效于人体试验。这样的回答让我想起了当年卡逊遭受到的那些来自化学工业以及受其资助的科学家的反击。她预料到了这种反击，在《寂静的春天》一书中，这样写道：“少吃一点半真半假的镇静药物。我们迫切需要给这些错误的断言以及文过饰非画上句号。”

80 年代时期, 尤其是在詹姆斯·瓦特(James Watt) 掌管着内政部、安·戈萨奇(Ann Gorsuch) 掌管着环保署的那段时间里，对环境的无知达到了顶点，毒害环境几乎被看作是强硬派经济实用主义的标志。在戈萨奇的环保署里，例如，综合病虫害治理（IPM）、化学药品的替代等，就确实曾被宣布为异端邪说。环保署禁止出版任何相关的东西，综合病虫害治理方法的证明书被宣布为非法。克林顿 - 戈尔政府从一开始就拥有不同的观点，下决心去扭转杀虫剂污染的历史潮流。我们的政府采取了三项强硬的措施：更严格的标准、减少使用、大部分用生物制剂替代。

---

① PCBs: 即 polychlorinated biphenyls, 是化学物质多氯联苯的英文简称。该物质呈流动的油状液体或白色结晶固体，或非结晶性树脂状，燃烧时具有一定毒性。PCBs 对大鼠、小鼠都能产生致癌反应，产生癌变的器官均为肝脏。具有致突变性—Pcakall 等 (1972) 发现给斑鸠食用含 PCBs 10mg/kg 的饲料，其胚胎的染色体畸变明显增加。具有环境危害—对环境有严重危害，对水体和大气可造成污染。

显而易见的是，合理使用杀虫剂会导致不得不考虑平衡风险与利益之间的关系，以及对经济因素的考虑的必要，但我们不能不将特殊利益的需求排除在标准之外。平衡之外，标准必须要是明确、严格的，检查必须是彻底、真实的。很长一段时间以来，我们给孩子规定的对农药残留物的耐受水平，超过了他们能够耐受的几百倍。这究竟应如何计算经济利益才能为之辩护呢？我们必须要检查化学药品对孩子的影响，而不能仅仅是针对成人。与此同时，我们还不得不检验在一定范围内化学品的不同组合。这样做，不单单是为了减少恐慌，也是为了减少我们没法不为之恐惧的东西。

　　要是农药不必需，或者在特定条件下不起作用，那么就请不要贸然使用。效益应该是真正的，而不是可能的、暂时的或者投机性的。总而言之，我们必须把精力集中到生物制剂上面，这也是工业界和政治游说集团一贯敌视的。在《寂静的春天》这本书中，卡逊提到了"真正的、那些可用来替代化学药品控制昆虫的、了不起的替代品"。今天，这些替代品已经广泛出现，尽管还受到很多官员的冷眼以及制造商的抵制。为什么我们就不能致力于推广无毒的代用品呢？

　　最后，我们必须要在杀虫剂生产和农业集团与公众健康团体之间，建立起一座互相理解的文化的桥梁。这两种团体中的人来自不一样的环境，上过不同的大学，拥有不一样的观点，因此，只要他们之间互相敌视、互相猜疑，而不能正视对方的话，我们就会发现改变一个其产品和利润是以污染环境为代价的体制，将是一件非常艰难的事情。我们能够结束这种体制的有效方法是缩小文化上的鸿沟，让农业附属机构去鼓励替代化学药品的研发与生产。还有一种办法是对话，让为我们提供食品和保护我们健康的两个集团互相协商。

　　克林顿—戈尔政府在处理杀虫剂问题上有着很多政策上的建树。其中，最主要的一些很可能是来自一位妇女——蕾切尔·卡逊。她在1952年从政府机关退休后，全身心地投入到写作中去，不仅是在周末和晚上写。但在精神上，她出席了本届政府的每一次环境会议。我们也许还没能做到她所期盼的那样，但我们毕竟正在朝着她所指明的方向前行。

　　1992年，一个由杰出的美国人组成的小组推选出了《寂静的春天》为近五十年来最具影响的书籍。在这些年里，贯穿着所有政治争辩，这本书一直都是对自我满足倾向的理性的批评。它告诫我们，关注环境不仅仅是工业领域和政府的事情，也是广大民众自己的事情。把我们的民主放在保护地球的一边，逐渐地，甚至政府疏忽了管理时，消费者也会站出来反对对环境的污染。降低食品中农药的残留量在当前正成为一种销售方式，正像它已经成为一种道德上的诉求一样。政府必须行动起来，人民也必须当机立断。我坚信，人民将不会再允许他们的政府无所作为，更不会允许其做错事。

　　蕾切尔·卡逊的影响力远远超过了《寂静的春天》一书中所关心的那些事。她把我们带回到了已经在现代文明中丧失到令人震惊地步的基本观念那—人类与自然的相互融合。这本书仿佛是一道闪电，第一次让我们的时代需要加以辩论的、最重要的话题昭显了出来。在这本书的最后几页里，卡逊引用了罗伯特·弗罗斯特的著名诗句，为我们描述了"很少人走过的道路"。一些人已经上路，但很少有人能像卡逊那样把世界领到这条路上来。她的努力、她所揭示出的真理、她唤醒的科学和研究，不仅是针对限制使用杀虫剂的最有力的呐喊，也是对人类个体所能做出的壮举的有力证明。

美国前副总统·阿尔·戈尔

前　言

　　1958年,在一个寂静的春天,当蕾切尔·卡逊着手写这本书时,她已经五十岁了。之前她的大部分职业生涯都是以一名海洋生物学家的身份,在美国鱼类与野生动物管理局度过的。但现在,她已经是一位举世闻名的作家,这要归功于我们七年前出版的《环绕我们的海洋》这本书的巨大成功。正是因为有了这本书的版税,让她能全身心地投入到写作中去。

　　对于大多数作者来说,这似乎是一个理想的状况:一定的声誉,能自由选择自己的主题,出版商们愿意为其写的东西签约。很可能她的下一部著作也会和前一部一样,写的是同一个领域的研究成果,她的很多前辈就是这样做的。她也的确有这样的计划,最终的事实却并非如此。

　　在为政府工作期间,她和她的那些科学界的同事,对被广泛使用的DDT以及其他长期被滥用的毒药,在所谓的农业控制项目中的使用情况产生了警觉。战后,当这些危险开始显现出来,并被注意到时,她试图在一些杂志上发表有关这一主题的文章。十年后,当喷洒杀虫剂和除草剂(其中一些是DDT类的有毒化合物)导致野生动植物及其栖息地被大规模破坏,并开始明显地危及人类的生命时,她决定要大声疾呼。她再一次试图在刊物上发表有关这方面的文章,虽然那时她已是一位著名的作家,但由于担心失去广告商,杂志出版商还是拒绝了她的请求。因为很多的厂商都大力反对刊登这类文章,比如,一家罐装婴儿食品生产商就声称,这样一篇文章会让使用他们的产品的母亲产生"毫无根据的恐慌"。(唯一的例外是《纽约客》,它愿意在《寂静的春天》出版前进行连载。)

　　因此,唯一能做的就是写一本书,找一家不怕被广告商施加压力的出版商出版。卡逊起初想找别人来写,但最后她决定,如果一定要写的话,她就得自己来写。她的许多仰慕者质疑她能否就如此沉闷的话题写出一本畅销书,她自己也曾怀疑过。但她最终还是坚持了下来,因为她必须要这样做。"如果我保持沉默,我就不会安宁。"她在给朋友的信中这样写道。

《寂静的春天》完成已经四年多了。这本书所针对的对象与她以前的那些书完全不同，所以，它需要有不一样的知识与研究。她再也不能像从前那样，在遇到情绪低落时，可以靠谈论伍兹霍尔实验室和海洋岩石来让自己重新高兴起来。这本新书的主题本身需要一种近乎宗教的奉献精神，还需要非凡的勇气。在最后几年里，她一直都被她所谓的"一系列疾病"困扰着。

她很清楚自己会遭到化学产业的攻击，不仅仅是因为她反对随意使用农药，更重要的是，她向人们阐明了工业化、科技化的社会对自然世界的不负责任的态度与行为。当这种攻击发生时，很可能是自一个世纪前达尔文的《物种的起源》出版以来，所受到的最痛苦、最无道德的攻击。化学工业已经花了数十万美元试图败坏这本书的名声，并诋毁作者——把她描述成一个无知的、歇斯底里的女人，说她是想要把地球交给昆虫。

幸运的是，这些攻击反倒产生了比出版商能提供的多得多的宣传效应。一家化学公司试图阻止这本书的出版，其理由是，卡逊小姐对他们的一款产品发表了错误的言论。但她没有被吓到，而是如期出版了这本书。

她本人对所有这类狂热的反对无动于衷。与此同时，在《寂静的春天》出版后，肯尼迪总统就在他的科学顾问委员会中，专门设立了一个小组来研究杀虫剂问题。这个小组在几个月后的报告中得出结论，证明了她的观点是正确的。

蕾切尔·卡逊对自己所做的一切都保持着谦逊的态度。就在书稿接近完成时，她给自己的一位密友写信说："我一直在努力拯救我们生活的世界的美丽，这一直都是我心中最重要的一件事。对那些毫无意义的、野蛮的行为除了表示愤怒外……现在，我相信我至少可以提供一点别的帮助。"事实上，她的这本书唤醒了人们的生态意识，在那个时代，这是一个完全生疏的词，但在我们这个时代，却是最引人关注、最受欢迎的。正是它导致了各级政府对环境问题的立法。

在出版二十五年之后，《寂静的春天》这本书就有了它超越历史的意义。这本书被 C.P. 斯诺称为"两种文化"之间的鸿沟上的一座桥梁。蕾切尔·卡逊是一位实证的、训练有素的科学家，她同时拥有着诗人的洞察力和敏锐。她对大自然有一种情感上的强烈反应，但她并没为此道歉。她了解得越多，她所说的"惊奇感"就越强。于是，她成功地写了一本关于死亡的书，却用来歌颂生命。

如今，重读她这本书，我们意识到它的影响远比它所处理的那些直接的危机要意义深远、广泛得多。这本书通过使我们意识到有这样一把悬置在地球之上的化学物质的达摩克利斯之剑—帮助我们认识到人类的很多行为（在她那个时代中有些鲜为人知），正在降低我们星球上的生命质量。《寂静的春天》这本书将会不断地提醒我们，在我们社会的过度制度化和过度机械化时代，个人的主动性和勇气仍然是有决定意义的：想要改变我们对生活的世界的看法和我们的思考方式，不是通过煽动战争或暴力革命来实现的。

第一章 明天的寓言

这个地方出现了一种很奇怪的寂静。比如，那些鸟儿突然去了哪儿呢？人们对此感到很疑惑，这让他们感到了不安。

从前呀，在美国的中部有一座小镇，在那里，所有生物看上去都在它们所处的环境中和谐地生活着。这座小镇坐落在如同棋盘一样整齐划一的繁荣的农场中央。周围是农田，小山的山脚下是绿树成荫的果园。每当到了春天，花儿就会像天空里的云朵一样点缀在绿色的田野上；而到了秋天，透过屏风似的松林，那些橡树、枫树还有白桦，就会闪烁着焰火般的多彩辉光。那时节狐狸会在小山上呼叫，小鹿静悄悄地穿过被秋雾笼罩起来的原野。

那些沿着小路两边生长的月桂、荚蒾①、赤杨树，还有那些巨大的羊齿植物和好多的野花，在一年中的大部分时间里，都会为旅行者带来赏心悦目的感受。就算是到了冬天，道路两旁也会一样美丽，在那里有无数的小鸟飞来飞去，以露出覆盖大地的雪之外的浆果还有干草的穗头为食。小镇的郊外事实上正是因其鸟类的丰富多彩而闻名。当那些迁徙的候鸟在整个春天和秋天蜂拥而至时，人们会长途跋涉到这里观鸟，还有一些人会到小溪边钓鱼。那些洁净清澈的小溪从山中流淌而出，形成了鳟鱼们快乐生活的池塘。那一带的原野一直都是这样的，直到很多年前的某一天，第一批居民来到这里，他们开始建造房屋、挖掘水井地窖，情况才发生了改变。

也正是从那时起，一种很奇怪的阴影开始遮蔽了这个地区，所有的一切都开始改变，某些不祥之兆降临到了村落：一种神秘的疾病袭击了小鸡们；牛羊也开始无缘无故地病倒并死亡。到了这时，小镇四周弥漫着死神的气息。农人们讲述

---

① 荚蒾：(拉丁学名 Viburnum dilatatum Thunb)属忍冬科，落叶灌木，高可达三米。中国原产种，主要产于浙江、江苏、山东、河南、陕西、河北等省。

着家庭成员的多病。城里的医生也日益为自己的病人中出现的新的疾病感到困惑。不仅是成年人，在孩子中也出现了一些突发的、难以解释的死亡事件。这些孩子在玩耍时会突然跌倒，然后在几个小时内死去。

这个地方出现了一种很奇怪的寂静。比如，那些鸟儿突然去了哪儿呢？人们对此感到很疑惑，这让他们感到了不安。那些原本是鸟儿经常觅食的后园，现在变得冷冷清清，偶尔能在一些地方见到的几只鸟，也都奄奄一息，并且都在颤抖着，完全没法飞起来。这样一来，这里的春天就成了一个悄无声息的春天。那些曾在这一带的清晨时分四下里回响的乌鸦、鸫鸟、鸽子、樫鸟还有鹪鹩欢快的合唱不复存在了。现在，只有无边的寂静覆盖着原野、树林和沼泽。

在农场里，尽管那些母鸡还是在孵小鸡，可根本看不到小鸡出壳。农夫们抱怨他们没法养猪了——因为刚出生的小猪崽都太小，而且几天后就都会死掉。苹果树的花开了，但没有了蜜蜂飞来飞去的嗡嗡声，这样一来，苹果花没法授粉，也就没法结果了。

曾一度引来人们关注的小路边，现在到处都是像是遭遇了一场火灾后变得焦黄、枯萎的植物。这里简直成了被什么抛弃的地方，到处都是一片寂静，连小溪里的鱼儿也都死了，钓鱼的人不再来访。

在那些屋檐下的下水管道里，在屋顶上的瓦片的缝隙里，有一种白色的粉状颗粒物还露出不易察觉的斑痕。就在几个星期前，这些白色粉末像雪花似的落在了屋顶、草地、田野上和小溪、河流里。这可不是什么魔法，也不是敌人的活动使得这个世界受到了伤害，使得生命不复存在，而是人们的所作所为残害了他们自己。

上面说的这座小镇是虚构的。但在美国，还有世界各地，这样的城镇很容易就能找到，它们有千千万万之多。我承认没有一个村庄遭受过我描述的全部的灾难，但无可否认的是，其中任何一种灾难都正在某些地方发生着，而且的确有很多村庄已经遭受了巨大的损失和不幸。正是在人们视而不见的情况下，一个狰狞的幽灵正在向我们袭来，这种想象里的悲剧很可能会在不经意间就成为我们的现实生活。

究竟是什么东西使得无数美国城镇的春天变得寂静起来的呢？这正是这本书想要给出解答的。

第二章　忍耐的义务

金·鲁斯坦德曾说过："忍耐的义务给我们知道的权利。"

生命存在于地球上，一直都是生物和周围环境相互作用的结果。

很大程度上可以这样说，地球上所有动植物的自然形态和习性都是环境塑造的产物。就地球的全部时间而言，生命反过来对环境的改造的效果一直都是微乎其微的。仅仅是在一种新的生命品种——人类出现后，生命对大自然的影响力才变得强大起来。

在过去的四分之一个世纪里，这种力量还没能增长到足以对自然产生骚扰的地步，但已经开始导致一系列的改变了。在所有人对环境的影响中，最让人吃惊的是，对空气、土壤、河流以及大海造成的危险，甚至是致命的污染的威胁。这种污染带来的破坏很大程度上是无法恢复的，它不仅侵入到了生命赖以生存的环境，还侵入到了生物的内在组织里。在目前这种环境普遍受到污染的情况下，在改变大自然以及其创造出的生命的本性这一过程中，化学药品起到了相当有害的作用，它的危害甚至足以与放射性危害相提并论。人们知道那些在核爆炸时产生的锶90，会随着雨滴和飘浮的尘埃争先恐后地降落到地面上，钻入到土壤里，被生长在土壤上的草、谷物等吸收，并通过食物链进入到人体的骨骼里，然后永远存留在里面，直到完全衰变干净为止。与此相同的是，被播撒在农田、森林、花园的化学药品也一样会长期地留存在土壤中，并进入到生物的生理组织里，在一个个造成死亡的链接中不断传递、转移。有时它们会随着地下水神秘地转移，等到再次出现时，会在阳光和空气的作用下结合成新的形式，而这种新的物质可以杀死植物和家畜，同时也使那些在不知不觉中饮用了井水的人受到伤害。正如阿伯特·斯切维泽说的那样："人们恰恰很难分辨出自己创造的魔鬼。"

让地球上现有的生命产生，耗费了千百万年的时间，在这一时间过程里，通过不断地发展、进化和演变，生命才得以与周围的环境达到了一种协调与平衡。在这样一个有着严谨的构成结构和生命支配体系的环境下，也包含着很多对生命有害和有益的元素。一些岩石具有放射性，甚至在生命必须从中获取能量的太阳光中，也包含着具有强大杀伤力的短波射线。而生命想要调整自己原有的平衡，所需要的时间不是以年，而是以千年计算的。时间是最根本的因素，但现在的世界变化太快，生命根本来不及调整自己。

新情况发生的速率以及变化的快捷已经在人们轻率而过激的步履中，展现出对大自然从容不发的超越。放射性物质早已不再是地球在还没有生命之前就已经存在于岩石中、宇宙射线中、紫外线中的放射源产生的了：现在出现的放射性物质是人类干预原子时的人工产物。生命在自身的调整中所遇到的化学物质，也早已不再是那些存在于岩石里被冲刷出来，并被江河带入大海里的钙、硅、铜或者其他的无机物，现在所遭遇的是人类在实验室里创造的人工合成物，而这些东西在大自然里完全没有对应物存在。

大自然运用自己的天平对这些化学物质做出调整是需要时间的——一个人一生的时间远远不够，而是很多代人的时间。即使是借助某些奇迹让这种调整成为可能，也一样是无济于事的，因为新合成的化学物质就像是涓涓细流，正在不断地从我们的各种实验室里汩汩涌出。仅在美国，一年就几乎有五百种化合物在实际应用中找到用途。这些化合物的状态变幻莫测，并且它们的复杂性很难被掌握——人还有动物的身体每年都需要想方设法地去适应这新合成的五百种化合物，而这些化合物完全是生物所未曾碰到过的。

这些化学合成物很多都被用于人类与自然的战争中，从19世纪40年代中期开始，到现在有二百多种基本的化学合成物被创造出来用于杀死昆虫、野草、啮齿动物和别的一些被现代人类语言称之为"害虫"的生物。而这些化学物品是在各种商店里，以几千种名称销售的。

这类喷雾剂、药粉和喷洒药水几乎满世界地被农场、果园、森林和家庭使用。这些毫无选择性的化学药品，具备杀死任何一种"好"或"坏"的昆虫的能力，它们会让鸟儿的歌唱、鱼儿的游弋腾跃在大地上安静下来，让树叶披上一层足以致命的薄膜，并长期滞留在土壤里——造成这一切的最初目的很可能只是为了杀死极少数的杂草和昆虫。谁又能保证，在地球的表面播撒有毒的烟幕弹，不会给生命带来危害呢？它们真的不该被称作"杀虫剂"，而应该被称作"杀生剂"。

整个使用化学药品的过程看上去很像是一个呈螺旋状上升的运动。自从 DDT 被发明出来并能被公众使用后，随着更多的有毒物质的不断被发明，一个不断上升的过程就展开了。依据达尔文"适者生存"这一伟大的生命原则，昆虫朝着更高级进化，从而获得对特定杀虫剂的抗药性。接下来，人们就不得不发明更致命的新的药物，然后昆虫再适应，人类再发明新的。这样的情况之所以会发生，同样也是由于后面将会描述的一个原因。昆虫常常会"报复"，或者说是再度复活，经过喷洒药粉后，它们的数量不减反增。这样一来，采用化学药品与昆虫进行的这场战争就永远也不可能有取胜的一天，而所有生命在这场强大的交叉火力中被一一击中。

伴随着人类遭受核战争毁灭的可能性，同时存在的还有一个核心问题，那就是，人类的整体环境已经被难以置信的潜伏的有害物质所污染，这些有害物质沉积在了植物和动物的体内，甚至进入到了生殖细胞里，以至于很可能破坏或者改变未来形态的遗传物质。

某些自称是我们人类未来的设计师的人高兴地预期，有一天人类能随心所欲地改变自己的细胞原生质，但现在我们由于疏忽大意就可能很轻易地做到这点。因为太多的化学药物跟放射性物质一样能够寻致基因的改变。如果像选择一种杀虫剂这样看起来微不足道的行为，都能决定人类的未来的话，这简直就是对人类的莫大的讽刺。

而这一切都是源于过度的冒险——这究竟是为什么呢？未来的历史学家很可能会为我们在权衡利弊时的幼稚行为和缺乏判断力而吃惊。有理性的人类想要控制一种直觉不想要的物种时，怎么能采取这样一种既污染了整个环境，又会给自己带来疾病和死亡的威胁的方法呢？可是，这正是我们在做的。另外，我们之所以会这样做，也是因为即使我们检查出原因了也无济于事。我们听过了"杀虫剂的广泛、大量的使用对维持农场生产的需要是必须的"这种说法。可我们真正的问题难道不是"生产过剩"吗？我们的农场所生产出的谷物令人难以置信地过剩，这使得美国的纳税人在 1962 年一年中就多付出了远比十亿美元还多很多的钱，用来作为储存过剩粮食的仓库的维修费用。农业部的一个分局企图减少产量，而其他州则跟 1958 年所做的一样："通常可以相信，在土地银行的规定下，谷物亩产的减少将会刺激人们使用化学药品的兴趣，以便在还留有作物的土地上获取更高的产量。"要是这样的话，那对我们所担忧的情况，又会有什么补益呢？

这并不是说如此就没有了害虫问题和没有控制的必要。我是想说，控制的工作要立足于现实，而不是立足于神话般的设想，并且所使用的方法不应该是用来把我们跟昆虫一起毁灭的。

当试图解决这一问题时会随之产生一系列灾难，这就是我们的文明生活方式的伴生物。在人类出现以前很长的一段时间里，昆虫居住在地球上——这是一种具有多样性且与自然和谐相处的生物。但在人类出现后的这段时间里，五十多万种昆虫中的一小部分采取了两种方式与人类的利益发生冲突：一种是食物的争夺，另一种是疾病的传播。

传播疾病的昆虫在人类居住拥挤的地方成为一个大问题，尤其是在卫生状况很差的情况下，例如，自然灾害期间、战争期间或者是极度贫困或遭遇了巨大损失的情况下，对一些昆虫的控制就显得格外重要。这是我们不久就会面对的一个事实，采用大量化学药物的控制手段不过是取得了非常有限的成果，却带来了新的、更大的威胁。

在农业发展最开始的时期里，农夫很少会遇到昆虫问题。这类问题是随着农业的出现而出现的——大面积的单一谷类品种，土地的精耕细作。这样的种植方式为某一种昆虫提供了在数量上大量增加的有利条件。单一农作物的种植方式是不符合自然发展规律的，这是农业工程师们想象的一个农业。大自然赋予土地的是多姿多彩的多样性形式，只是人类太过于热心地把这种多样性加以简化。这样一来，就摧毁了自然的平衡。而原本自然存在的格局和平衡是用来维持一定的生物种类的。其中，很重要的一种自然手段，就是对每一种类的生物栖息范围的面积的限制。很明显，一种主要以麦子为食的昆虫，在专门种植麦子的农田里，繁殖起来要比在麦子和这种昆虫所不适应的别的作物混种的农田中容易很多。

一样的事情发生在别的情况下。在一代人或者更早以前，美国的大城镇的街道两旁生长着高大的榆树。但现在，人们满怀着美好愿望建设的景色遭到了毁灭性的破坏，就因为有一种甲虫带来的疾病毁坏了榆树，要是在最开始时混种了别的树木，那么，这种由甲虫带来的疾病蔓延的可能性就会受到限制。

如今，昆虫问题中存在另一个因素——数千种不同种类的物种，从它们的原生地朝着新的地域入侵。这一因素的产生是必须要对人类历史和地球的地质、地貌、历史背景加以考察的。在《入侵生态学》一书中，英国生态学家查理·艾登对最近这种世界性的生物大迁徙进行了探讨并且生动地加以描述。在上亿年前的白垩纪，汪洋大海切断了众多的陆桥，使得众多生物被局限在像他说的那种"巨大的、独立的自然保留地"内。在那种地方，生物跟自己的同类失去了联系，因此，发展出很多独特的种属。后来，随着地球的变化，大陆被重新连成一片后，这些物种迁移到了新的地区——如今，这场运动正在人类的帮助下继续进行。

植物的进口是当代昆虫物种传播的主要手段，而动物总是跟随植物迁徙的。检疫仅仅是一种较为新颖，却并不是很有效的措施。单在美国，植物引进局就从世界各地引进了大约二十多万种的不同种类的植物。如今，在美国大约有九十种植物的昆虫敌人是不小心从国外带进来的，而且其中大多数就像是徒步旅行者时常搭乘他人的汽车一样，搭乘着被引进的植物而来的。

很多必要的知识现在可以应用，但我们并没有加以应用。在大学，我们培养生态学家，然后，他们中有一部分人甚至会被我们的政府机构雇佣，但很少有人会听取他们的意见和建议。我们就这样听任致命的化学药物下雨般被喷洒，看上去似乎毫无别的办法。而事实上，存在着很多更有效的办法，需要的仅仅是机会，一旦有机会，我们的才智足以让我们在短时间内找到更多更好的办法。

我们是否陷入了一种被迫接受低劣、有害的命运，而丧失了意志力和判断力并为此感到迷惘呢？这样的想法用生态学家波·斯帕特的话来说就是："理想化的生活，就像是把自己的头浮出水面的鱼，在自身环境恶化的容许限度上缓慢前进……为什么我们会容忍有毒的食物？为什么我们会容忍一个家庭建立在枯燥单调的环境下？为什么我们能容忍去跟不完全是我们的敌人的对象作战？为什么我们怀着对精神错乱的恐惧，却同时又能容忍马达带来的噪音？有谁愿意生活在一个仅仅是不十分悲惨的世界上呢？"

事实上，这样一个世界正在逼近我们。建立一个无化学毒物、无虫害的世界的十字军运动看起来已在大部分所谓的环境保护办事处焕发起巨大的热情。各方面存在的证据证明，那些正在喷洒农药的工作将会成为一种残忍的行为。康来优卡特的昆虫学家尼勒·特诺这样说过："进行调解工作的那些昆虫学家们，他们所担负的职责就像是起诉人、法官、陪审员、税务评估员、收款员和正在执行任务的司法官员。"对农药最可恶的滥用，不论是在州还是联邦的代理处内，都在顺畅地进行，而毫无阻拦。

我对此的意见并非是化学杀虫剂完全不可以使用。我所论争的是，我们正在把有毒的和对生物有效力的化学药品不加区别地、大量地、不负责任地交到人们手中，而对潜在的危害视若无睹。我们促使大量的人去跟这类有毒物质随意接触，根本就没有事先征得他们的同意，甚至经常完全不告知他们。如果民权条例没有提到过一个公民有权保证免受私人和公共机关散播致命毒药带来的危险的话，那的确是因为我们的先辈由于受到了他们的智慧和预见能力的限制，而无法想象到这类问题的发生。

我要进一步强调的是：我们已经允许这类化学药物的使用，却很少或完全没有对它们对土壤、水源、野生动植物，还有对我们人类自己的作用进行调查研究。我们的后代不见得会乐意宽恕我们对精心呵护着全部生命的自然界所犯下的种种过失。

对自然界所受到的威胁的了解至今还很有限。现在是一个专家的时代，但专家总是盯着自己的那点问题，而不会去注意看清套着他这个小问题的那个更大的问题是不是偏狭的。现在还是一个工业化的时代，在工业中，不惜代价赚钱是理所当然的，谁也不会去对此多加谴责。在公众由于面临一些应用杀虫剂带来的有害后果并且有了明显的证据而提出抗议时，一粒充满真情的小小的镇静丸就足以让人们满足。我们所急需的是，结束这种伪善的承诺，并且不要继续给令人痛恨的事实包上一层糖衣。被要求去承担由昆虫管理人员所预测的危险的是普通民众，而民众有权决定到底是希望在如今这样的道路上继续走下去，还是等拥有了足够多的对事实的了解后再做决定。金·鲁斯坦德曾说："忍耐的义务给我们知道的权利。"

第三章　死神的特效药

这样的情况还意味着：今天的人，可以肯定从自己生命的最初，就开始吸收这种毒性物质，并从此将要把这重担永远地担负下去。

现在，每个人从出生到死亡，都不可避免地要和危险的化学物品接触，这种情况在世界历史上还是头一次出现。合成杀虫剂从投入使用到今天还不到二十年时间，就已经遍布世界各个角落，无论是在动物界还是非动物界都无处不在。大部分重要水系甚至平时看不见的地下水潜流中，都已检测到了这些药物的残留。早在十几年前被施用过化学药物的土壤里，至今仍有残存。它们普遍侵入鱼类、鸟类、爬行类以及家畜和各类野生动植物的体内，就连科学家进行动物实验时，在今天想要找到一个未受污染的实验物也几乎是不可能。

在那些偏远的山地湖泊中的鱼类体内，在那些在泥土中蠕动穿行的蚯蚓体内，甚至在那些鸟蛋里，都发现了这些药物的残留，并且在大多数人的身体内也同样发现了药物残留，无论男女长幼皆如此。它们还出现在母亲的乳汁里，而且很可能出现在还没出生的胎儿的细胞组织里。

之所以会发生这样的现象，主要是因为生产杀虫剂的人工合成化学药物化工产业的发展过于突飞猛进。这一产业是第二次世界大战的产物。正是在化学战的过程中，人们发现了某些实验室合成的药物具有杀死昆虫的效用。这一发现并非偶然，因为昆虫曾被普遍用作化学武器的实验对象。

这一结果如今看来已经汇聚成了合成杀虫剂的一条源源不断的溪流。在实验室里，科学家们精巧地操纵分子群，对原子加以代换，改变它们的排列从而发明新的物品。这些合成物不同于战前那些较为简单的无机物杀虫剂。过去的那些药物的原料都来自天然生成的矿物质和植物生成物——砷、铜、铝、锰、锌以及别的一些元素的化合物。除虫菊提取自干菊花、来自烟草的尼古丁硫酸盐，而鱼藤酮来自东印度群岛的豆科植物。

这些新的合成杀虫剂的巨大生物学效能不同于别的药物。它们的毒性巨大，不仅能毒害生物，还能进入体内参与最关键的生理过程，使这些生理过程产生致命的突变。这样一来，正如我们将会看到的情况一样，它们毁坏了人类保护身体免受侵害的那些酶，妨碍了身体借以获得能量的氧化过程，破坏了各器官正常作用的发挥。它们还会在某些特定的细胞内产生缓慢且不可逆的变化，而这种变化就导致了恶性的结果。

可是，每年都会有更具杀伤力的新的化学药物研制成功，并各有新的用途，这样就使得与这些物质的接触实际上已是全球性的。在美国，合成杀虫剂的产量从1940年的一亿二千四百二十五万九千磅，猛增至1960年的六亿三千七百六十六万六千磅，也就是说，在这段时间内增长了四倍多。这些产品的批发总价值超过二亿五千万美元。但从这种工业的计划及其愿景来看，这仅仅才是开始。

既然我们不得不和这些药物亲密地在一起，那我们最好还是了解一下它们的性质和药力。

尽管第二次世界大战标志着杀虫剂由无机化学药物逐渐向碳分子的奇观世界的转变，但仍有几种旧原料在被继续使用。其中，较为主要的就是砷——它仍是多种除草剂、杀虫剂的基本成分。砷是一种高毒性无机物质，它在各种金属矿物中含量很高，而在火山、海洋、泉水里的含量很小。砷与人的关系是历史性与多样性的。由于许多砷的化合物无味，因此，从博尔吉亚家族之前的时代至今，它都被当作是最通用的杀人毒药。砷是第一种被认定可以致癌的化学物质，是将近两个世纪前一位英国医师从烟囱的烟灰里发现的这点。长期以来，人类的慢性砷中毒也是有案可查的。砷对环境的污染早已在马、牛、羊、猪、鹿、鱼、蜂这些动物中造成疾病和死亡。不过，尽管有这样的记录，砷的喷雾剂、粉剂还是被广泛使用着。在美国南部那些使用砷喷雾剂的产棉地区，原本是作为一种产业的养蜂业几乎破产。长期使用砷粉剂的农民，一直受着慢性砷中毒的折磨；牲畜也因人们使用含砷的农作物喷剂和除草剂而受到毒害。从蓝莓（越橘的一种）地里飘来的砷粉剂散落在邻近的农场，污染了溪水，毒害了蜜蜂、奶牛，并使人类染上疾病。环境致癌病方面的权威人士、国家癌症研究所的 W·C·休伯博士说："……在处理含砷化合物上，想要采取比我国近年来的实际做法——完全漠视公众健康——还要冷漠的态度，完全是不可能的。凡是看到过神杀虫剂撒粉器、喷雾器的实际操作的人，一定会对那种马马虎虎施用剧毒物的行为感到震惊。"

但现代的杀虫剂的致命性更强。它们大多数可以归属于两大化学门类。DDT所代表的一类就是著名的"氯化烃"；而另一类则主要是有机磷，这一类的代表是人们比较熟悉的马拉硫磷和对硫磷（1605）。它们都有一个共同的特点，那就是以碳原子为主要构成成分——碳原子也是生命世界必不可少的"积木"——因而，它们就被划分为"有机物"了。想要了解它们，我们就必须弄明白它们是如何产生的，以及是怎样转化成致死剂的。

基本元素碳是这样一种元素，它的原子几乎有着无限的能力，可以任意组合成链状、环状或各种别的形状，还能与别的原子结合成分子。的确如此，从细菌到巨大的蓝鲸，大自然令人惊叹的生物多样性正是源于碳的这种特性，如同脂肪、碳水化合物、酶、维生素的分子一样，复杂的蛋白质分子正是以碳原子为基础的。同样，数量众多的非生物也是如此。这也就是说，碳未必是生命的标志。

有一些有机化合物仅仅是碳与氢的简单组合。这些化合物中，最简单的是甲烷，也就是人们常说的沼气，它是自然界中被浸于水中的与空气隔绝的有机物，经由微生物分解发酵而来。如果甲烷以适当的比例与空气混合，就会变成煤矿矿井里可怕的"瓦斯"。它的结构简单匀称：一个碳原子带着四个氢原子。科学家们发现，可以拿掉其中的一个或全部的氢原子，以其他元素来代替。比如，以一个氯原子来代替一个氢原子，就能制出氯代甲烷；如果除去三个氢原子并用氯来取代，就得到了麻醉剂氯仿（三氯甲烷）；要是以氯原子取代所有的氢原子，得到的就是四氯化碳——我们熟悉的洗涤液。

简而言之，环绕着基本甲烷分子的变化，说明了什么是氯化烃。可这一说明无法真正解释烃的化学复杂性，或说清楚有机化学家制造出各种化合物的丰富手段。因为，除了单一碳原子的甲烷，他们还能改变很多由碳原子组成的碳水化合物分子。这些分子的结构呈环状或链状（带有侧链或者支链），而紧附着这些侧链和支链的又是这样的化学键——不仅仅是简单的氢原子或氯原子，还会是多种多样的化学群。表面上轻微的变化就会改变物质的特性，比如，不仅是碳原子上附着的是什么元素，连附着的位置也十分重要。通过这样精妙的操作，科学家们已经制成了一组具有强大杀伤力的毒剂。

DDT（双氯苯基三氯乙烷）是1874年首先由一位德国化学家合成的，但它作为一种杀虫剂却是直到 1939 年才被发现。紧接着 DDT 又被誉为害虫传染的疾病的终结者，能帮助农民在一夜之间就战胜田间虫害。其发现者瑞士人保罗·穆勒因此获得了诺贝尔奖。

如今，DDT 被如此广泛地使用，以致在大多数人心里这种化学合成物简直就是完全无害的家中常用品。很可能 DDT 的无害性神话是来自下列这些经验事实的：它的最早用法之一是在战时喷撒到成千上万的士兵、难民、俘虏身上，用来消灭虱子。人们普遍认为，既然这么多人与 DDT 有过这样亲密的接触，却没有什么直接危害发生，那么这种药物当然是无害的。产生这样的误解是可以理解的，因为，不同于其他的氯化烃化合物，呈粉末状的 DDT 不容易通过皮肤被吸收。但 DDT 溶于油后肯定是有毒的。如果被吞咽下去，它就通过消化道慢慢被吸收，还会通过肺部被吸收。一旦进入人体内，它就会大量地滞留在富含脂肪的器官内（因 DDT 本身是脂溶性的），如肾上腺、睾丸、甲状腺等。其中，相当多的一部分留存在肝、肾及包裹着肠子的肥大的、保护性的肠系膜的脂肪里。

DDT 的这种贮存过程，是从它的可接受的最小摄入量开始的（它残存在多数食物中），一直达到一个相当高的贮量才中止。这些含脂的贮存有着生物放大器的作用，以至于食物中千万分之一的摄入量，能在体内积累到约百万分之十至十五的量级，也就是说增加了一百余倍。对这些数据，化学家或药物学家了如指掌，但我们大多数人完全不了解。百万分之一听起来像是个非常小的数字——也的确很小，但这样的物质的效力是巨大的，微小的量就能引起身体发生巨大变化。在动物实验中，发现百万分之三的药量就能抑制心肌里一种主要的酶的活动，而仅百万分之五的药量就会引起肝细胞的坏死和瓦解，百万分之二点五的、与 DDT 性质类似的药物狄氏剂和氯丹也有同样的效果。

这其实并不令人惊诧。正常人体化学中的确存在着因果不对称的现象，比如，只要一克的万分之二这样少量的碘，就能损害人的健康。此外，更为重要的一个原因是，这些看似量很小的杀虫剂会一点点积累起来，很难顺利地被排泄出去，因此，肝脏和别的器官就会受到慢性中毒及退化病变的切实威胁。

关于人体内可以留存多少量的 DDT，科学家们目前还没有一个统一的看法。食品与药品监督部门的药物学主任阿诺德·莱曼博士说："既不存在着一个下限——低于这个下限 DDT 就不会被吸收，也没有一个上限——超过这个上限吸收和储存就会终止。"但另一方面，美国公共卫生署的维兰德·海斯博士却坚持说："每个人体内都会达到一个平衡点，超过了，DDT 就会被排泄出来。"就实际的目的性而言，这两种说法的正确意义都不大。有人已经对 DDT 在人体中的积蓄量做过了详细调查，知道在常人的体内 DDT 的滞留是存在潜在危害的。种种研究结果告诉我们，没有与 DDT 直接接触（不可避免的饮食方面的除外）的个人，DDT 在体内平均残留量为百万分之五点三到百万分之七点四；农业工人为百万分之十七点一；杀虫剂工厂的工人的残留数值竟高达百万分之六百四十八！可见，已证实了的 DDT 残留范围相当宽泛。并且，最为重要的是，这里所谓的最小的数值，也已超过了会损害肝脏及别的器官组织的标准。

DDT 及其同类药剂具有的最险恶的特性之一是，它们可以通过食物链上的所有环节，由一个机体传递到另一个机体。比如，在苜蓿地里撒 DDT 粉剂，然后用这些苜蓿作为鸡饲料，鸡所生的蛋里就含有 DDT。也可以以干草为例，它含有百万分之七至八的 DDT 残余，可能被用来喂养奶牛，这样的结果是，牛奶里的 DDT 含量能达到大约百万分之三，而在由这种牛奶制成的奶油里，DDT 含量会猛增到百万分之六十五！通过这样一个传导进程，本来含量极少的 DDT 残余最终会达到一个非常高的浓度。食品与药品监督局禁止州际商业装运的牛奶含有杀虫剂残留，但当今的农民发现很难给奶牛弄到未受到污染的草料。

毒质还能在亲子之间传递。食品与药品监督部门的科学家们，在取样试验中已经从人乳里找到了杀虫剂残留。这意味着，人乳哺育的婴孩，除他体内已有的有毒化学品残留外，还在不断吸收、蓄积着这些有毒化学物质。然而，这绝非该婴儿第一次接触到化学毒品——我们有充分的理由相信，从他的胚胎时期就已开始接触了。动物实验显示，氯化烃药物能自由地穿过胎盘，而胎盘是母体内使胚胎与有害物质隔离的防护罩。虽然婴儿通过这种途径吸收的药量通常不大，却不容忽视，因为婴儿对于毒性的敏感度要远高于成人。这样的情况还意味着：今天的人，可以肯定从生命的最初就开始吸收这种毒性物质，并从此将要把这重担永远地担负下去。

所有这些事实——有害药物在体内甚至是低标准的贮存，随之而来的积聚，以及各种程度不一的肝脏受损（正常饮食中也会轻易出现）的发生——使得美国食品与药品监督部门的科学家早在 1950 年就宣布："很可能一直低估了 DDT 的潜在危险性。"医学史上还没有出现过类似的情况。其最终结果会怎么样也还无人知晓。

氯丹——另一种氯化烃，具有 DDT 的所有那些令人讨厌的属性，并且还有一些独特的属性。它的残留物能长久地存在于油脂里、食物中，或留存在接触过它的物体的表面。它可以通过肌肤被吸收，作为喷雾或者粉屑被吸入，当然，如果吞食了它的残余物，就会从消化道被吸收。跟所有氯化烃化合物一样，氯丹的沉积物会在体内累积。一种食物含有百万分之二点五这样少量的氯丹，最终会导致实验动物脂肪内的氯丹贮量达到百万分之七十五。

莱曼博士这样有经验的药物学家，曾在 1950 年这样描述过氯丹："这是杀虫剂中毒性最强的药物之一，任何人摸了它都会中毒。"郊区居民并没有把这一警告放在心上，他们竟毫无顾忌地随意地将氯丹渗入用于草坪除虫的粉剂中。这些人当时并没有马上发病，看来问题不大，但毒素可能长期潜存在他们的体内，数月或数年后才会毫无规律地表现出来，到那时就不大可能查出病因了。但有时，死神也会很快袭来。有一位受害者，不小心把一种浓度为 25% 的工业溶液洒到皮肤上，四十分钟内便表现出了中毒症状，未能来得及抢救就死去。这种中毒症不可能提前发现，也就很难得到及时救治。

七氯是氯丹的成分之一，在市场上被作为一种独立的制剂销售。它具有在脂肪里贮存的特殊能力。如果食物中七氯的含量达到百万分之一，体内就会储存一个相当大的量。它还有一种稀奇的本事，能转化成为一种化学性质完全不同的物质——环氧七氯。这种转变在土壤和动植物的组织内发生。对鸟类的试验表明，由这一变化产生的环氧化合物，比原来的七氯毒性更强，而七氯的毒性已经是氯丹的四倍。

远在 20 世纪 30 年代中期，人们就发现了一种特殊的烃——氯化萘。它会使在工作中接触到它的人患上肝病，也会患上一种稀有的、几乎是无法医治的肝症。这已导致了电气业工人患病与死亡，而且在最近，在农业方面，人们也已经认为氯化萘是引起牛患上一种神秘的致命病症的根源。鉴于这些例证，与这种烃有裙带关系的三种杀虫剂，都属于所有烃类药物中最具毒性的也就不足为奇。它们分别是狄氏剂（氧桥氯甲桥萘）、艾氏剂（氯甲桥萘）以及安德萘。

狄氏剂（为纪念德国化学家狄尔斯而命名的）被吞食下去后，其毒性约相当于 DDT 的五倍，但当其溶液通过皮肤被吸收后，毒性就相当于 DDT 的四十倍。它因使受害者发病快，并对神经系统有可怕的作用——患者发生惊厥——而臭名昭著。中毒者恢复得非常缓慢。跟其他氯化烃一样，这些长期的药效会严重损坏肝脏。

狄氏剂的残毒持续期长，有显著的杀虫功用，因此成为当今使用最广泛的杀虫剂之一，尽管它的使用导致了大规模的野生动物的灭亡。对鹌鹑和野鸡的试验证明，它的毒性约是 DDT 的四十至五十倍。

狄氏剂怎样在体内进行贮存或分布，或者怎样被排泄出去，我们对此知之甚少。因为科学家们发明杀虫药的创造才能，早就超过了有关这些毒物是如何伤害活的肌体的生物学知识。然而，有各种征象表明，这些毒物会长期贮存在人类体内——犹如一座休眠的火山那样蛰伏着，当身体内的毒物积蓄达到给人带来生理重压的情况时，才骤然爆发。我们所了解的信息，都是来自"世界卫生组织"开展的抗疟运动的艰辛经历。当疟疾防治工作中用狄氏剂取代了 DDT（因疟蚊已对 DDT 有了抗药性），在喷药的工作人员中就开始出现中毒现象。发病是剧烈的，半数乃至全部的中毒者（参与不同的工作程序的工作人员，中毒病状各异）发生痉挛，数人死亡。有些人是在接触到药物后过了四个月才发生惊厥。

艾氏剂是多少有点神秘的物质，因为它尽管作为一种独立的实体而存在，但同时与狄氏剂还有着紧密的关系。当把胡萝卜从一块用艾氏剂处理过的苗圃里拔出来后，你会发现它们也含有狄氏剂。这种变化发生在活的机体组织内，也发生在土壤里。这种神奇的转化导致出现了许多错误的报道，因为如果一个化学师知道已经使用了艾氏剂，来检验它是否还存在，他会受骗，并认为全部的艾氏剂残留已经被清除，而所存在的残留毒性却是来自狄氏剂，所以，需要做不同的试验。

像狄氏剂一样，艾氏剂也是极具毒性的。它会引起肝脏和肾脏的退化病变，一片阿司匹林那样大小的剂量，就足以杀死四百多只鹌鹑。人类中毒的许多病例是留有记录的，其中大多数与工业管理有关。

艾氏剂同大多数本组杀虫剂一样，给未来投下一层危险的阴影——导致不孕。给野鸡喂食很小剂量的艾氏剂，不足以毒死它们，但野鸡的产蛋量却会大幅下降，而且孵出的小鸡会很快死掉。这种影响并不仅局限于禽类。接触过艾氏剂的老鼠受孕率也会降低，幼鼠也存活不久。经过艾氏剂处理的母狗所产的小崽三天内就死了。目前没人知道同样的情况是否也会发生在人类身上。但这种药物已经被通过飞机播撒到了广大的郊区和农田里。

安德萘是所有氯化烃药物中毒性最强的，虽然它的化学性能与狄氏剂有相当密切的关系，但其分子结构稍加曲变就使得毒性相当于狄氏剂的五倍。安德萘使得 DDT——此组所有杀虫剂的鼻祖——看起来都是无害的。它对哺乳动物的毒性是 DDT 的十五倍，对鱼类的毒性是 DDT 的二十倍，而对一些鸟类的毒性，则大约是 DDT 的三百倍。

在安德萘被使用的十年时间里，它已毒杀了无数的鱼类，毒死了误入果园的牛。井水也被污染，从而至少有一个州的卫生部严厉警告说，粗率地使用安德萘正在危害人的生命。

在一起最为悲惨的安德萘中毒事件中，看不出有什么明显的疏忽存在，因为已经采取了一些看起来足够防止危害发生的预防措施。一位刚满周岁的美国小孩，父母带他到了委内瑞拉，在他们入住的房子里发现有蟑螂，几天后用含有安德萘的药剂喷洒了一次。大概是上午九点左右开始喷药，喷药前这个孩子连同小狗一起被带到屋外。喷药后地板也进行了擦洗。下午，孩子和小狗回到了屋里。过了一个钟头左右，小狗发生了呕吐、惊厥而死去，在当晚十点，这个孩子也发生了呕吐、惊厥，并很快失去了知觉。

那之后，这个原本正常、健康的孩子成了植物人——看不见、听不见，动辄发生肌肉痉挛，完全与周围的环境隔绝了。他被带去纽约一家医院里治疗数月也未见好转。主治医生说："会不会出现任何程度的康复，是极难预料的事。"

第二大类杀虫剂——烷基和有机磷酸盐，属世界上毒性最强的化学品。伴随其使用而产生的最主要的危害是，喷洒药物的人无意间接触到了飘浮的雾剂，或者是接触到了喷洒过这种药物的植物，甚至只是接触了被丢弃的这类药物的容器，都会导致急性中毒。在佛罗里达州，两个小孩发现了一个空袋子，就用它来修补了一下秋千，不久，两个孩子都死了，他们的三个小伙伴也得了病。这个袋子曾用来装过一种叫作对硫磷（1605）的杀虫药——一种有机磷酸酯。试验证实了两个孩子是死于对硫磷中毒。另有一次，威斯康星州的两个小孩（堂兄弟俩）在同一个晚上死去。其中一个孩子曾在自家院子里玩耍，当时他父亲正在给马铃薯喷洒对硫磷农药，药雾从毗连的田地里飘过来，另一个孩子跟着他父亲跑进谷仓玩耍，手在喷雾器的喷嘴上放了一会儿。

这些杀虫药的来历有点讽刺意味。虽然一些药物本身——磷酸的有机酯——已经闻名多年，它们的杀虫特性却直到 20 世纪 30 年代晚期才被一位德国化学家发现。德国政府差不多当即就意识到了这些化学品可以作为新的、毁灭性的化学武器在战争中使用，于是宣布接下来针对它们进行的研究工作是机密。后来，一些化学物质成为了神经毒气，另一些具有相同结构属性的则成为了杀虫剂。

有机磷杀虫剂以一种奇特的方式对活的机体产生作用。它们有破坏人体内的重要的酶类的本事。此类杀虫剂的目标是神经系统，而不管受害者是昆虫，还是热血动物。在正常的情况下，神经脉冲借助一种叫作乙酰胆碱的"化学传导物"在神经索中传递。乙酰胆碱在履行必要的功能作用后就会消失。这种物质的存在是这样短暂，连医学研究人员（没有特殊处置办法的话）也不能在它消失前完成取样。这种具有短促性的传导物质是身体正常机能所必需的。如果这种乙酰胆碱在每次神经脉冲后不立即被消除，脉冲就继续沿一根根神经掠过，而此时这种物质就以空前强化的方式发挥作用，使整个身体的运动变得不协调，很快导致震颤、肌肉痉挛、抽搐甚至死亡。

人的身体对此已经有了应对准备。有一种叫胆碱酯酶的保护性酶，每当身体不再需要那些传导物质时，就随即消灭它。通过这种手段实现了精确的调节，身体里也从未积聚危险含量的乙酰胆碱。可与有机磷杀虫剂的接触，使得这种保护酶被破坏。当这种酶的含量减少了，传导物质就积聚起来。在这一作用上，有机磷化合物跟一种生物碱蝇蕈碱（发现于一种有毒的蘑菇蝇蕈里面）类似。

频频受到药物的危害会降低胆碱酯酶的含量标准，当下降到一个人濒临急性中毒的边缘时，只要一次十分轻微的危害，就能导致人中毒。鉴于此，人们认为，对喷药操作人员及其他需要经常接触这种药物的人员，需要定期做血液检查。

对硫磷是用途最广的有机磷酸酯之一。它的毒性最强、最危险。与它一接触，蜜蜂就会变得"狂乱、躁动、好战"，做出疯狂的撩挠动作，半小时内就死亡。有位化学家企图以尽可能直接的手段了解会对人类产生剧毒的剂量，他吞服了约等于 0.00424 盎司的极微小的量。紧接着，他就迅疾地发生了瘫痪，以致连事先准备在手边的解毒剂也来不及拿到就死去。据说，在芬兰，对硫磷现在是人们最中意的自杀药物。近年来，加利福尼亚州有报道称，每年平均发生两百多宗意外的对硫磷中毒事故。在世界许多地方，对硫磷造成的死亡率是令人震惊的：1958 年在印度有一百起致命的病例，叙利亚有六十七起。在日本，每年平均有三百三十六人中毒致死。

可是，七百万磅左右的对硫磷如今被施用到美国的农田或菜园里——由手工操作的喷雾器、电动鼓风机、撒粉机，还有飞机来播撒。根据一位医学权威的说法，仅在加利福尼亚的农场里所用的药量，就能"给五至十倍的全世界人口提供足以致命的剂量"。

在少数情况下，我们也可免遭这一药物的毒害，其中一个原因就是对硫磷及其同类化学物质能快速分解。故而，与氯化烃相比较，它们在作物上的残留时间是短的。然而，它们持续的时间已经足够带来严重中毒甚至致命的危害。在加利福尼亚的里弗赛德，采摘柑橘的三十人中有十一人得了重病，除一人外都不得不住院治疗，他们的症状是典型的对硫磷中毒。这片柑橘林在大约两周半前曾用对硫磷喷射过，时间过去这么久，却一样能导致人干呕、半失明、半昏迷。而这无论怎么说也并非是残留时间最长的纪录。早在一个月前，一个喷过药物的柑橘园也发生了类似的事故，而且是以标准剂量处理过六个月后，在柑橘的皮里还发现有残留。

对在田野、果园、葡萄园里施用有机磷杀虫剂的工人所造成的危险，已使得使用这些药物的一些州设立起许多实验室——这里的医师们可以进行诊断和治疗，也有医疗方面的救助。但甚至连医生自己也会面临一定的危险，除非在处理中毒患者时戴上橡皮手套。那些为中毒者洗衣的洗衣工也一样，因为这些衣物上可能吸附有足以伤害她的对硫磷。

马拉硫磷是另一种有机磷酸酯，差不多与 DDT 一样为公众所熟悉。它被广泛应用到了园艺中，也普遍被家庭灭虫、驱蚊，以及对昆虫进行地毯式歼灭时所使用，如，佛罗里达州的一些社区喷射近百万英亩的土地，以消灭一种地中海果蝇。马拉硫磷被认为是此类药物中毒性最小的，许多人也就因此认为他们可以随意使用且不用担心受到伤害。商业广告也在鼓励这种不负责任的态度。

声称马拉硫磷的"安全性"的依据是相当危险的，尽管直到这种药物已被应用数年后（往往有这种事）才发现了这一点。马拉硫磷之所以"安全"，仅仅是因为哺乳动物的肝脏具有非凡的保护能力，其具有的解毒作用是由肝脏的一种酶来完成的。然而，如果有什么东西破坏了这种酶或干扰了它的活动，那么，接触马拉硫磷的人就要承受毒素的全力侵袭了。

对我们来说，不幸的一点是，发生这种事的机会是屡见不鲜的。好几年前，有一组食品与药品监督局的科学家发现：当把马拉硫磷与某种别的有机磷酸酯同时施用时，严重的中毒现象就会产生——其毒性能达到两种物质叠加起来的五十倍。换言之，当这两种药物混合起来时，每一种化合物的致死剂量之百分之一，就可以产生致命的效果。

这一发现导致了对其他化合作用的试验。现在已知，很多磷酸酯杀虫剂能通过混合的作用导致毒性增大或"强化"。毒性的强化看来发生在一种化合物破坏了能化解另一化合物毒性的酶的时候。两种化合物并不需要同时起作用。中毒的风险不仅对这周可能喷打一种药，而下周喷打另一种药的人存在，而且对食用被喷洒过药物的农产品的顾客也一样造成危害。普通的一盆沙拉里很可能混合了不同的有机磷酸酯杀虫剂，在法定的许可限量之内的残余就会发生交互的作用。

化学药物这种交互作用的全部危险，我们目前所知甚少，可令人担心的新发现总是经常性地从科学实验室里传出来。其中之一就是，一种有机磷酸酯的毒性可由第二种（它不一定是杀虫剂）来增强。比如，用一种增塑剂可以使马拉硫磷变得更加危险。同样，这依然是因为它抑制了肝脏酶的功用，而在正常的情况下，这种酶能把杀虫剂之"毒牙"拔除。

在常态的人类环境下，别的化学制品，特别是医药品会怎样呢？关于这方面的研究才刚刚开始，但已经知道某些有机磷酸酯（对硫磷和马拉硫磷）会增强一些用作肌肉松弛的药物的毒性，而有几种别的磷酸酯（还是包括马拉硫磷）让巴比妥酸盐使人安眠的时间得到显著延长。

希腊神话中的女巫美狄亚因丈夫伊阿宋移情别恋而大怒，她送给了伊阿宋的新欢一条被施过了魔法的长袍。那位新欢穿上长袍后立刻死了。今天，这种间接死亡得到了自己的对应物——"内吸式杀虫剂"。这些是有着非凡特质的化学合成物，这些特质被用来将植物或动物转变为一种美狄亚长袍——使它们成为有毒的，目的是杀死那些可能与它们接触的昆虫，特别是那些吮吸植物汁液或动物血液的昆虫。

内吸式杀虫剂世界是一个奇异的世界，它超出了格林兄弟的想象力——或许与查理·亚当斯的漫画世界极为相似。它是个这样的世界，在这里，童话中的魔幻森林变成了毒森林，这儿的昆虫只要咀嚼树叶或吮吸植物的汁液就注定会死亡；它是这样一个世界，在这里跳蚤叮咬了狗就会死去，因为狗的血已有毒了；这里的昆虫会死于它从未触犯过的植物所散发出的水雾；这里的蜜蜂会将有毒的花蜜带回蜂房，酿出有毒的蜂蜜。

应用昆虫学领域的人们意识到了他们可以从自然界里获取灵感，他们发现，在含有硒酸钠的土壤里生长的麦子，对蚜虫及红蜘蛛的侵袭具有免疫力。硒，是一种自然生成的元素，在世界许多地方的岩石及土壤里均有小量的存在，这样，就促成了第一种内吸式杀虫剂的诞生。

能渗透到动植物体内，并让其变得对某些昆虫具有毒性的化学品，就是内吸式杀虫剂。它们的这一属性为氯化烃类的某些化学合成物以及有机磷类的化学合成物所拥有。这些药物大部分是人工合成的，但也有一些自然生成物具有这样的属性。但实际应用中的多数内吸式杀虫药物是从有机磷类化学物中提取出来的。

内吸式杀虫药还以别的迂回方式发生效用。如果把这种药物通过浸泡或与碳混合而在种子外表形成一层膜，就会使其效用扩展到下列植物的后代体内，从而长出对蚜虫及其他吮吸类昆虫有毒的幼苗来。一些蔬菜如豌豆、菜豆、甜菜等，有时就是这样受到保护的。外面覆有一层内吸式杀虫剂的棉籽已在加利福尼亚州使用一段时间了。在这个州，1959年曾有二十五个农场工人在圣华金河谷突然发病，原因是他们接触了装药剂的袋子。

在英格兰，曾有人想知道，当蜜蜂从用内吸式药剂处理过的植物上采花蜜后会发生什么。对此，曾在施用过一种叫作八甲磷的药物的地区做了调查。尽管那些植物是在其花还未成形前被喷过药的，但后来生成的花蜜内含有此种毒素。结果可以想到，这些蜂所酿之蜜也受到了八甲磷的污染。

动物的内吸式杀虫剂的使用主要用来控制牛蛆。牛蛆是寄生在牲畜身上的一种破坏性极强的寄生虫。为了在动物的血液及组织里造成杀虫功效，而又不对动物引起致命的毒性，必须十分小心才行。这种平衡十分微妙，政府机构的兽医们业已发现，反复、频繁的小剂量用药，能逐渐耗尽一个动物体内的保护性酶——胆碱酯酶。因此，若无预先警告，多加一点很微小的剂量，就会引起中毒。

很多迹象有力地表明，跟我们的日常生活更为密切的新的领域正在被开辟出来。现在，你可以给你的狗喂一粒药丸，据称此药将使得它的血有毒，而除去身上的跳蚤。但发生在牲畜处理中的危险，也会出现在对狗的处理中。目前，看来尚未有人提出过这样的建议——研制人用的内吸式杀虫剂。它将使得我们（体内的毒性）能毒死蚊子。也许，这就是下一步的工作了。

至此，在这一章里我们一直在探讨人类于对昆虫的战争中使用的那些致命的化学物质。下面，我们来看看我们跟杂草之间的战争又是怎样的一种情景。

人类想要求得一种速效、容易的方法，来灭除不需要的草木。这种愿望导致产生了一大群不断增加着的化学药物，它们被通称为除莠剂，不太正式的说法叫作除草药。关于这些药物是怎样使用以及是怎样被误用的记述，将在第六章里讲到。

现在，同我们有关的问题是：这些除草剂是否有毒，以及它们的使用是否造成对环境的污染。

关于除草剂仅对草本植物有毒、对动物的生命不构成威胁的传说，已被广泛传播，可惜，这并非事实。这些除草剂包罗了种类繁多的化工药物，它们除了对植物有效外，对动物组织也起作用。这些药物在对有机体的作用上差异很大，有些是一般性的毒药；有些是新陈代谢的特效刺激剂，会引起体温致命地升高；有的会（单独地或与别种药物一起）引发恶性肿瘤；而有些则会导致生物种属的遗传损害，引起基因（遗传因子）的变异。这样看来，除草剂同杀虫剂一样，蕴含着相当危险的化学物质。同时，因为错误地认为它们是"安全"的而被滥用，从而带来灾难性的后果。

尽管出自实验室内的新药物接连不断地出现，而砷化合物仍然是杀虫剂（如前所述）和除草剂的主力，并通常以亚砷酸钠的化学形式出现。它们的应用史并不光彩。作为路旁使用的喷雾剂，它们已使不知多少个农民失去了奶牛，还杀死了无数野生动物；作为湖泊、水库的水中除草剂，它们已使公共水域遭到污染而不宜饮用，甚至也不适合游泳；作为马铃薯田里消灭藤蔓的喷雾药剂，它们使得人类和其他动物付出了生命的代价。

在英格兰，大约是从1951年开始在马铃薯的种植中使用含有砷的农药，因为先前使用的硫酸出现了短缺。农业部门认为有必要对进入喷过含砷剂的农田加以警示，可这种警示对牲畜毫无意义（野兽及鸟类也听不懂——我们得这样假定）。有关牲畜因为含砷喷剂中毒的报道经常性出现。直到一位农夫的妻子因为砷污染了水源而中毒死亡后，英国的一家大型化工公司才于1959年停止生产含砷农药，而且回收了经销商们的存货。此后不久，农业部宣布：因为对人和牲畜存在着高度危险性，在亚砷酸盐的使用方面将予以限制。1961年，澳大利亚政府也宣布了类似的禁令。然而，在美国，并没有这种限令来阻止这些毒物的使用。

一些"二硝基"化合物也被用作除草剂。它们被列为美国现用的同类化学药物中最危险的药物之一。二硝基酚是一种强烈的代谢兴奋剂。鉴于此种原因，它曾一度被用作减肥药，可是减肥与导致中毒的剂量之间的差异是微乎其微的。并且，这种减肥药被禁止前，已经导致了一些服用者的死亡，更多人因此受到了永久性的伤害。

还有一种同属的药物——五氯苯酚，有时称为"五氯酚"。它既能用作杀虫剂，也能用作除草剂，常常被喷撒在铁路沿线及荒地上。五氯酚对从细菌到人类这些多种多样的有机体，都有着极强的毒性。像二硝基药物一样，它能干扰而且往往是致命地干扰体内的能量的来源，以致受害的机体近乎是在焚烧自己。它的令人恐怖的毒性在加利福尼亚州卫生局最近报告的致死案例中得到了证明。一位油罐车司机把柴油与五氯苯酚混合在一起，配制一种棉花落叶剂。当他从油桶内汲出此浓缩药物时，桶塞意外地掉了进去。于是，他赤手伸进桶去把桶塞复位。尽管马上洗净了手，他还是在次日就死去了。

一些除草剂——诸如亚砷酸钠或者酚类药物——的后果大都显而易见，而另外一些除草剂的影响则是潜伏着的。比如，当今驰名的红莓（一种蔓越橘）除草药氨基三唑，被认定为相对毒性较轻的药物。但它有可能引起甲状腺恶性肿瘤，这对野生动物，恐怕也对人类，有着不可否认的危害。

除草剂中还有一些被划归为"致变剂"，或者说，是能改变基因的作用剂。我们为辐射所造成的遗传性影响而大为吃惊，那么，对在我们的周围环境中广为散播的具有同样作用的化学药物，又怎能视而不见呢？

第四章　地表水和地下海

在这里，我想再一次提醒大家，自然界中没有什么是孤立存在的。

在我们所有的自然资源中，水已变得异常珍贵。地球表面绝大部分被无边的大海所覆盖，然而，身处汪洋大海之中，我们却感到水资源的缺乏。这看起来很矛盾，但要知道，地球上的丰富水源的绝大部分，由于含有大量海盐而不宜用于农业、工业及被人类饮用。因此，地球上的大多数人正在经历着水资源匮乏的威胁。在我们这个时代，人类忘记了自己的起源，又无视维持生存最起码的原则，这样，水和其他资源也就一同变成了人类冷漠的受难者。

我们目前只能从我们的生存环境所遭到的污染的整体中，选择一部分来分析和理解杀虫剂对水资源造成污染的这个现象。水资源遭受污染的来源有很多，如，核反应堆、实验室、医院排放的放射性废物；核爆炸的放射性尘埃；城镇家庭的垃圾；工厂排出的有害废料等等。现在，一种新的散落物也加入了这些污染物的行列，这就是在农田、果园、森林和原野里大面积播撒的化学药剂。在这个惊人的污染物大杂烩中，有不少化学药物再现并超越了放射性物质的危害，并且这些化学药物间还存在着一些危险的、不为人知的化学反应和转换的叠加效应。

自从化学家们开始制造自然界中从未存在过的物质以来，水的净化问题也变得复杂起来了。对水的使用者来说，危险正在不断增加。正如我们所知的，这些合成化学药物的大量生产始于20世纪40年代，而今这种生产的规模已经如此庞大，以致大量的化学污染物每天都在排入国内的江河湖泊里。当和家庭垃圾以及其他废物充分混合后流入水体时，这些化学药物使用污水净化工厂通常使用的检测方法根本检测不出来。大多数化学药物非常稳定，常规的处理方法无法使其分解。同时，它们常常无法被辨认出来。在河流中，最不可思议的是，各种污染物相互反应而产生新的物质，卫生方面的工程师也只能望而兴叹，失望地将这种新化合物的产生归因于"开玩笑"，称其为"黏性物质"。马萨诸塞州工学院的洛尔福·伊莱亚森教授在一次国会委员会会议上说，想要预知这些化学药物的混合效果或识别由此产生的新有机物，在目前是做不到的。他说："我们还根本无法知道那是些什么东西、它们对人会有什么影响。"

以控制昆虫、啮齿类动物或杂草的名义对各种化学药物的滥用，正日益助长这些有机污染物的产生。其中，有些有意地被用于水体以消灭植物、昆虫幼虫或杂鱼；有些有机污染物来自森林，因为在森林中喷药可以保护一个州的二三百英亩土地免受虫灾，这种喷洒物或直接落入河流，或通过树木枝叶滴落在森林底层。在那儿，它们加入缓慢运动着的渗流水而开始了流向大海的漫长历程。这些污染物的大部分可能是几百万磅农药的水溶性残留，这些农药原本是用于控制昆虫和啮齿类动物的，却借助雨水离开了地表而变成世界水循环体系的一部分。

在我们的河流里，甚至在我们的公共水源处，到处都能看到这些化学药物引人注目的痕迹。比如，在一家实验室里，用从潘斯拉玛亚的一个果园区取来的水样在鱼身上做试验，由于水里含有过多杀虫剂残留，在短短四个小时内，所有用来做实验的鱼都死了。灌溉过棉田的溪水即使通过一个净化工厂的净化后，对鱼来说仍是致命的。在亚拉巴马州田纳西河的十五条支流里，由于来自田野的水流曾接触过氯化烃毒物，以致鱼全部死亡。其中两条支流是城市供水的水源。在使用杀虫剂后的一个星期，放在河流下游铁笼里的金鱼每天都有漂浮而死的，这足以证明水依然有毒。

这种污染在绝大部分情况下是无形和不易察觉到的，只有当成百上千条鱼死亡后，人们才会警觉。然而，在更多的情况下，这种污染根本没被发现。保护水的纯洁性的化学家们，至今尚未对这些有机污染物进行过定期检测，也没有办法去清除。不管是否被发现，杀虫剂的存在都是客观事实。杀虫剂随同地表上被广泛使用的其他药物一起，进入国内许多河流，几乎进入了国内所有主要水系。

假如谁对杀虫剂已对我们水体造成的普遍污染表示怀疑的话，他就应该读一读1960年由美国鱼类及野生物服务处发表的一份报告。这个部门进行了一项研究，想看看鱼是否会像热血动物那样在其组织内贮存杀虫剂。第一批样品取自西部森林地区，在这些地方为了控制云杉卷叶蛾，进行过大面积的DDT喷洒。不出所料，所有的鱼体内都含有DDT。后来，当调查者们对距最近的一个喷药区约三十英里远的一个小河湾进行比对调查时，有了一个很有意思的发现。这个河湾处于第一批样品采集处的上游，中间隔着一道高瀑布。据了解，这个地方并没有被喷过药，然而这里的鱼仍然含有 DDT。这些化学药物是通过地下水到达遥远的河湾，还是像浮尘似的在空中飘浮最后降落到这个河湾里的呢？在另一次的比对调查中发现，在一个产卵区的鱼体组织里发现有 DDT，而该地的水来自一口深井。同样，那里也没有播撒过 DDT。污染的唯一可能途径只能是地下水。

在所有的水污染中，再也没有什么能比地下水大面积遭受污染带来的威胁更使人不安的了。使水里增加杀虫剂而想不危及水的纯净，这在任何地方都是不可能的。造物主不会封闭和隔绝地下水，而且也从未在地球水的供给分配上这样做过。降落在地面的雨水通过土壤、岩石的细孔及裂隙不断地往下渗透，越来越深，直到最后所有岩石的细孔里都被水充满，这是一个从山脚下开始到山谷底沉没于黑暗的地壳内的地下海洋的范围。地下水总是在运动着，有时移动速度很慢，一年也不超过五十英尺，但有时候速度较快，一天几乎能移动十分之一英里。它通过看不见的水系流动，直到最后在某处以泉水之类的形式冒出地表，或者可能被引到一口井里。但大部分情况下，它会归入小溪或河流。除直接流入河流的雨水和地表水外，现在地球表面流动的所有的水，都有一个时期曾经是地下水。可以毫不夸张地说，地下水的污染也就是世界水体的污染。

由科罗拉多州某工厂排出的有毒化学药物，必定会通过黑暗的地下河流流向好几英里远的农田，在那儿毒化井水，使人和牲畜病倒、庄稼被毁坏——这是许多同类情况的第一个典型案例。简单地说，它的经过是这样的：1943 年，位于丹佛附近的一个军用化工集团的落基山军需工厂开始生产军用物资，八年后它被租借给一家私人石油公司生产杀虫剂，甚至还未来得及改变工序开始正式生产，一份离奇的报告就开始传出。距离工厂几英里远的农民开始报告牲畜中发生了难以诊断的疾病，并抱怨大面积的庄稼被毁坏——树叶变黄了，植物也无法生长，另外，还有一些与人的疾病有关的报告。有人认为，这跟那家军需工厂有关。

灌溉这些农场的水是从很浅的井里抽出来的。当对这些井水化验后（1959 年由许多州和联邦管理处参加的一次联合研究），发现里面含有化学药物的成分。落基山这家军需工厂在投产期间排放了很多的氯化物、氯酸盐、磷酸盐、氟化物和砷的废料。很明显，军需工厂和农场之间的地下水已被污染，并且地下水花费了七至八年时间，带着有毒物质在地底下漫游了大约二英里的路程，最终抵达最近的一个农场。这种渗透在继续扩展，进一步污染的范围一时很难确定。调查人员没法控制这种污染的扩展。

所有这一切已经够糟糕了，但整个事件最令人惊奇和最有意义的是，在军需工厂的蓄水池和一些井里发现了可以杀死杂草的 2.4-D。它的发现解释了，为什么用这种水灌溉农田后，会造成庄稼的死亡。要知道，这个军需工厂从未生产过 2.4-D。

经过长期的研究，化学家们得出结论：2.4-D 是在开阔的池塘里自发合成的。没有任何人类化学家的参与，它是由军需工厂排出的废物在空气、水和阳光的作用下自动合成的。这个蓄水池已变成了一个天然的化学实验室，合成了一种新的化合物，而这种化合物可以杀死所有接触到它的植物。

科罗拉多农场及其庄稼受害这个事故超越了地域的界限，具有更普遍的意义。除了在科罗拉多，别的地方的情况是怎样的呢？不只是科罗拉多州，任何受到了化学污染的公共水域，湖泊、河流，在阳光、空气的催化作用下，谁也不知道还有什么标记着"无害"的化学药物会生成危险的化学物质。

说实话，水的化学污染最惊人的一点是：在河流、湖泊或水库里，或是在你的餐桌上的一杯水里，都混入了化学家在实验室里没想要合成的化学药物。这种自由混合在一起的化学物之间相互作用的可能性，给美国公共卫生署的官员们带来了巨大恐慌，他们对这么一个广泛存在的、从相比较之下被认为无毒的物质到可以形成有毒物质的现象感到严重不安。这种化合反应可以存在于两种或多种化学物质之间，也可以存在于化学物质与不断增长的放射性废物之间。在辐射的影响下，原子很容易重新排序，从而改变化学物质的性质，引起难以预料甚至无法控制的后果。

当然，不仅仅地下水被污染了，地表流动的水，如小溪、河流、灌溉农田的水也都被污染了。设在加利福尼亚州图里湖和南克拉玛斯湖的国家野生生物保护区，就为此提供了一个令人不安的例证。这些保护区是一个更大的保护区域的一部分，正好跨越俄勒冈州边界上的北克拉玛斯湖。可能是因为这些保护区共享一个水源，因此是相互连接在一起，并都受这样一个事实的影响，即这些保护区像一些小岛一样被广阔的农田所分割包围，这些农田原先都是被水鸟当作乐园的沼泽地和开阔的水域，后经排水渠和小河排干才改造成农田。

环绕野生生物保护区的这些农田由北克拉玛斯湖的湖水灌溉。这些水经过它们所浇灌过的农田后重新汇聚到一起，流入图里湖，再从那儿流到南克拉玛斯湖。因此，设立在这两个水域之间的野生生物保护区的所有水系，都在充当着农田的灌溉系统。记住这一情况对了解当前所发生的事至关重要。

1960 年夏，这些保护区的工作人员在图里湖和南克拉玛斯湖发现了上百只已死或奄奄一息的鸟。其中大部分是食鱼鸟类——苍鹭、鸬鹚和鸥。经过检测，发现它们体内都含有与 DDD 和 DDE 同类的杀虫剂残毒。在湖里的鱼体内也发现了含有此类杀虫剂，浮游生物的体内也是一样。保护区的管理人员认为水流往返灌溉经过大量喷洒农药的农田，把杀虫剂残余带入了保护区的水域里，因此，保护区水域里的杀虫剂残毒现在正在日益增多。

水质严重毒化排除了恢复水质的可能，这种努力本该取得成果的。每个到过那一带的猎鸭人，每个欣赏过成群的水禽像飘带一样飞过夜空时的景色和声音的美的人，都会对此痛心疾首。这些特别的野生生物保护区在保护西部水禽方面有着重要的地位。它们处在一个漏斗状的细脖子的焦点上，所有的迁徙路线如人们所熟知的太平洋路线，都在这儿会集。当迁徙期到来时，这些生物保护区接受百万只由哈德逊湾和白令海峡飞来的野鸭和鹅，大约占了每年迁徙去太平洋沿岸的候鸟总数的四分之三。在夏天，生物保护区为水禽特别是两种濒临灭绝的鸟类——红头鸭和红鸭提供了栖息地。如果保护区的湖和水塘被严重污染，那么，西部水禽的灭绝将是无法阻止的。

水应该被加入到它所支持的生命环链中去。这条生物链从浮游生物那像尘土样微小的绿色细胞开始，通过很小的水蚤进入噬食浮游生物的鱼体，而这些鱼又被其他的鱼、鸟、貂、浣熊等吃掉，这是一个从生命到生命的无穷的物质循环过程。我们知道，水中生命所需的矿物质也是如此由食物链传递的。我们能设想由我们引入到水里的毒物，会不参与这样的自然循环吗？

答案就呈现在加利福尼亚清水湖的惊人历史中。清水湖位于旧金山以北九十英里的山区，一向是垂钓者的胜地。清水湖这个名字其实有点名不副实，由于湖底覆盖了一层厚厚的黑色淤泥，湖水实际上非常混浊。对于渔夫和居住在沿岸的居民来说，不幸的是，湖水为一种很小的蚋虫提供了一个理想的繁殖地。虽然与蚊子有密切的关系，但这种蚋虫与蚊子不同，它们不吸血而且大概不吃东西。但居住在蚋虫繁盛地的人们，为虫子巨大的数量而烦恼。控制蚋虫的努力曾经进行过，但大多都失败了。直到 20 世纪 40 年代末期，当氯化烃杀虫剂成为新的武器时，形势才有所好转。在这新一轮的攻击中，选择的武器是一种与 DDT 有密切联系的 DDD，它对鱼的生命威胁显然要轻一些。

1949 年所采用的新控制措施是经过认真计划的，并且很少有人会想到有什么恶果发生。这个湖被勘查了，它的容积也被测定了，并且所用的杀虫剂是以一比七千万这样的比例高度稀释于水里的。对于蚋虫的控制起初是成功的，但到了 1954 年，这种处理就不得不再重复一遍。这次所用的浓度比例是一比五千万，当时认为蚋虫被消灭得很彻底。

但在随后的冬季的几个月中，出现了其他生命受到影响的第一个信号：湖上的北美你哭䴙䴘开始死亡，而且得到报告说，很快死亡数量就达到了一百多只。在清水湖的北美䴙䴘是一种营巢鸟，由于受湖里丰富的鱼类吸引，它也是一个冬季来访者。它们会在美国和加拿大西部的浅湖中建立起浮巢，这是一种具有美丽外貌和优雅习性的鸟。它们被称作"天鹅䴙䴘"，主要是因为，当它在水中荡起微微涟漪，游过湖面时，它的身体低低地浮出水面，而白色的颈和黑亮的头高高地仰起。新孵出的小鸟浑身都是浅褐色的软毛，孵出仅仅几个小时就跳进水里，还乘坐在它们父母的背上，在父母的羽翼的庇护下在水面上行进。

当蚋虫又顽强地出现后，1957 年进行了第三次大规模清除，但结果是，更多的䴙䴘死掉了。同在 1954 年所验证的一样，在对死鸟的检验中，没有能发现传染病的证据。但当有人想到应分析一下䴙䴘的脂肪组织时，才发现鸟体内有高达百万分之一千六百的 DDD。

DDD 被应用到水里的最大浓度是百万分之零点零二左右。为什么这种化学药物能在䴙䴘体内达到这样高的浓度呢？这些鸟是以鱼为食的，对清水湖的鱼进行化验后，这样一个画面就展开了：有毒化合物被最小的生物吞食后浓缩，又传递给大一些的捕食生物。在浮游生物的组织中发现的杀虫剂含量是百万分之五的浓度（最大浓度达到水体本身的二十五倍）；在以水生植物为食的鱼体内含有百万分之四十到三百的杀虫剂浓度。其中，肉食性鱼类体内杀虫剂的蓄积量最大。一种褐色的鲰鱼体内杀虫剂的浓度达到了令人吃惊的百万分之二千五百。这就是民间传说中的"杰克小屋"故事的重演——在这个序列中，大的肉食动物吃了小的肉食动物，小的肉食动物又吃掉草食动物，草食动物再吃浮游生物，浮游生物摄取了水中的有毒化合物。

那之后，甚至还出现了更离奇的现象。在最后一次使用化学药物之后的短短时间内，水中就再也找不到 DDD 的痕迹。不过，药物并没有真正离开这座湖，只不过是进入到了湖中水生物的体内组织里。在化学药物停用差一个月就满两年后，浮游生物体内仍含有百万分之五点三的高浓度的DDD。在这将近两年的时间里，水生植物不断开花和凋谢，虽然有毒物质在水里找不到了，但在水生植物中一代一代地传递着。这种有毒物质也同样存在于湖中水生动物体内。在化学药物停止使用一年后，在所有的鱼、鸟和青蛙体内仍能检测出DDD。其中，这些动物的脂肪里所含DDD的浓度已超过了原来水体浓度的许多倍。这些有生命的有毒物质的携带者，在它们最后一次使用DDD九个月后孵化出的后代身上，已积蓄了浓度超过百万分之二千的有毒物质。与此同时，营巢的䴙䴘鸟从第一次使用杀虫剂时的一千多对，到1960年时已减少到大约只有三十对。而这三十对䴙䴘营巢也是在做无用之功，因为从最后一次使用DDD后，就再也没发现有小䴙䴘出现在湖面上。

这样看来，整条带毒的环链是以最微小的植物为基础开始的，这些植物始终是原始的浓缩者。这条食物链的终点在哪？对于整个事件的发展过程还不了解的人们，可能已备好渔具，准备从清水湖里捕到一串串的鱼带回家，用油煎了在晚饭时享用。那么，DDD一次很大的用量或多次的用量会对人产生什么影响呢？

虽然加利福尼亚州公共健康署宣布检查结果无害，但1959年该局还是禁止在该湖使用DDD。由这种化学药物具有巨大生物学效能的一系列科学证据来看，这只是最低限度的安全措施。DDD的生理影响在杀虫剂中可能是独一无二的，因为它所毁坏的肾上腺的一部分，就是众所周知的在肾脏附近的外部皮层上分泌荷尔蒙激素的细胞。这种毁坏性影响在1948年就被证实。它首先是在狗身上得出的实验结果，不过，这种影响在像猴子、老鼠或兔子等实验动物身上还不能显现。DDD在狗身上所导致的症状，跟发生在人身上的艾迪森氏病非常相似。最近医学研究已揭示出DDD对人的肾上腺有很强的抑制作用。它这种对细胞的毁坏能力，现正被用于临床治疗一种罕见的肾上腺激增的癌症。

清水湖的情况提出了一个公众所面临的现实问题：为了控制昆虫，使用对生命的生理过程具有如此剧烈影响的物质，特别是致使化学药物直接进入水体，这样做是可取的吗？只许使用低浓度杀虫剂这一规定并没有多大意义，它在水体自然生物链中爆发性的递增已足以说明问题。现在，往往解决了一个看得见的小问题，随之而来的就会是另一个更为疑难的大问题。这种情况很多，并越来越多。清水湖就是一个典型。蚋虫问题解决了，对受蚋虫困扰的人固然有利，却没想到，这样做会给所有从湖里捕鱼和使用水的人还有野生生物带来更大的危险，并且还极具隐蔽性。

这是一个惊人的事实，毫无顾忌地在水中使用化学药物，正在成为一个十分寻常的行动。其目的常常是充满娱乐性的，尽管那之后需要花费一大笔钱来恢复水体的饮用功能。某地区的钓鱼爱好者想在一个水库里"发展"渔业，他们说服了政府当局，把大量的毒物倾倒在水库里以杀死那些他们不喜欢的鱼，然后由适合他们口味的鱼取而代之。这个过程具有一种奇怪的、犹如爱丽丝在仙境中那样的特点。水库原本是作为一个公共水源而建立的，然而，附近乡镇的居民可能完全不了解渔猎爱好者的这个计划，就不得不既要去饮用含有残毒的水，又要付出税钱去处理水中的污染物，而且这种处理非常困难。

既然地下水和地表水都已被杀虫剂和其他化学药物所污染，那么就存在一种危险，即，不仅有毒物质而且还有致癌物质也正在进入公共水源。国家癌症研究所的 W.C. 休伯教授发出警告："由使用被污染的饮水而导致的致癌危险性，在可预见的将来会引人注目地增长。"实际上，50 年代初在荷兰进行的一项研究，已经为水污染致癌这一观点提供了证据。以河水为饮水的城市，比那些用井水这样不易受污染影响的水源的城市的癌症死亡率要高一些。已明确地确定致癌的环境物质——砷，曾两度被卷入历史性的事件中。在这两次事件中，饮用已受污染的水都引起了大面积癌症的发生。一例是来自开采矿山的矿渣堆，另一例是来自天然具有高含量砷的岩石。大量使用含砷杀虫剂可以使上述情况很容易发生。那些地区的土壤也变得有毒。受到砷污染的雨水流入小溪、河流和水库，同样也流入无边无际的地下水海洋。

在这里，我想再一次提醒大家，自然界中没有什么是孤立存在的。为了更清楚地了解我们世界的污染是正在怎样发生着的，我们现在必须了解地球的另一种基本资源——土壤。

第五章　土壤的王国

"人类的一些错误行为，很可能导致土壤生产力的毁灭，然后地球被节肢动物接管。"

土壤薄层像补丁一样覆盖着大陆，控制着人类和大地上各种生物的生存。如我们所知，没有土壤，陆地植物无法生长；而没有植物，动物就无法生存。

如果说人类以农业为基础的生活方式依赖土壤的话，那么同样真实的是，土壤也依赖于生命。土壤本身的起源及其所保持的天然特性都与生命的活动有着亲密的关系。土壤很大程度上是生命的创造物，它产生于很久以前生物与非生物之间奇异的交互行为。当火山爆发出炽热的岩浆时，当奔腾于陆地光秃秃的岩石上的水流磨蚀了最坚硬的花岗岩时，当严寒的冰川劈裂和破碎了岩石时，原始的成土物质就开始聚集。然后，生物开始了它们奇迹般的创造，一点点地使这些无生气的物质变成了土壤。岩石的第一种覆盖物——地衣，就是利用它们的酸性分泌物促进了岩石的转化，从而为其他生命造就了栖息地。藓类在原始土壤的微小空隙中顽强地生长，这种土壤是借助于地衣的碎屑、微小昆虫的外壳和起源于大海的一系列动物的碎片组成的。

生命创造了土壤，而丰富多彩的生命物质也生存于土壤之中，否则，土壤就会处于一种贫瘠的死亡状态。正是由于土壤中有无数有机体的存在和活动，才使土壤为大地披上绿色的外衣。

土壤处在一个永无休止的循环中，使得自己处于持续变化的状态。当岩石遭受风化，当有机物质腐烂，当氮和其他气体随雨水从天而降，新物质就不断被引入到土壤中。与此同时，另一些物质从土壤中被取走，它们是因被生物暂时需要而借走。微妙的、非常重要的化学变化不断发生在这样一个过程中。在此过程中，来自空气和水中的元素被转换为适宜于植物利用的形式。而在所有这些变化中，活的有机体总是最积极的参与者。

探究生存于土壤下黑暗王国的无数生命，是一件非常吸引人的事情，但同时也是最容易被忽视的。对于那些把土壤中各种生物连接在一起，同时也把土壤与生物连接在一起的机制，我们知之甚少。

那些用肉眼看不见的细菌和丝状真菌，也许是土壤中最不起眼的有机体，但同时也是最重要的有机体，它们有着天文数字一样庞大的数量，一小勺的土壤里，往往含有数以亿计的细菌。纵然这些细菌形体细微，但在一英亩肥沃土壤的一英尺厚的表土中，其细菌总量可达到一千磅之多。丝线般的放线菌的数量尽管不像细菌那样多，但它们的体积要大得多，在同等量的土壤里，放线菌的总重量与其中细菌的重量几乎一样。它们与被称为藻类的微小绿色细胞体，组成了土壤里的极微小的植物生命。

细菌、真菌和藻类是让动植物腐烂的主要动力，它们将动植物的残体还原为原始的无机质。假若没有这些微小的生物，像碳、氮这些化学元素通过土壤、空气以及生物组织的巨大的循环运动，是根本无法进行的。比如，若没有固氮细菌，虽然植物被含氮的空气"海洋"所包围，但它们仍难以获得氮元素。其他有机体产生了二氧化碳，并形成碳酸而促进了岩石的分解。土壤中还有在促成多种多样氧化和还原反应的各种微生物。通过这些反应，铁、锰和硫等无机矿物质发生转移，才能被植物吸收。

土壤中还有数量巨大的微小的螨类，和被称为跃尾虫的、没有翅膀的原始昆虫。它们很小，却在分解植物的残枝败叶，把森林的地面物质转化为土壤的营养成分的过程中，发挥着重要的作用。其中一些小生物具有的特征令人难以置信。比如，有几种螨能在掉下的枞树针叶里生活，隐蔽在那儿，并消化掉针叶的内部组织。当螨虫完成了它们的演化后，针叶就只留下一个空外壳。在处理大量植物的落叶方面，土壤里和森林地面上的一些小昆虫让人惊异。它们浸软和消化树叶，促使分解的物质与表层土壤混合到一起。

除了这群非常微小但不停艰苦劳动的生物外，当然还有一些较大的生物。其中，有一些是黑暗地底层中的永久居民，一些则在地下洞穴里冬眠或度过它们生命循环中的一定阶段，还有一些在洞穴和地表世界间自由来去。总而言之，是土壤里这些居民的活动使土壤充满了空气，并促进了水分在整个植物生长层的疏排和渗透。

在土壤里所有大个的居住者中，很可能再也没有比蚯蚓更为重要的了。四分之三个世纪前，查理斯·达尔文发表了《腐殖土的形成与蚯蚓的作用》一书。在这本书里，达尔文让全世界第一次了解到蚯蚓在土壤的运输方面扮演的地质要素的角色。在这本著作里，他在我们面前展现了这样一幅图：地表岩石正逐渐被蚯蚓从地下搬出的肥沃土壤覆盖，在条件最有利的地区，每年被搬运的土壤可达每英亩许多吨重。与此同时，含在叶子和草中的大量有机物（六个月中一平方米土地上产生约二十磅）被拖入土穴，并和土壤混合。达尔文的计算表明，蚯蚓孜孜不倦地劳作，能一寸一寸地加厚土壤层，并在十年期间使原有的土层加厚一半。然而，这并不是它们所做的一切。它们的洞穴使土壤充满空气，使土壤保持良好的排水效果，并促进植物根系的发达。蚯蚓的存在增加了土壤细菌的消化效果，减少了土壤的腐败。有机物通过蚯蚓的消化道而被分解，土壤借助其排泄物变得更加肥沃。

然而，这个土壤综合体是由一个交织的生命之网所构成的，在这里每一种事物都与其他的事物通过某种方式相联系——生物依赖土壤。反过来，只有当这个生命综合体繁荣兴盛时，土壤才能保持勃勃生机。

我们所担心的，也是一直未受到重视的问题是：无论是作为"消毒剂"直接进入土壤，还是由雨水带来（当雨水透过森林、果园和农田上茂密的枝叶时，已受到污染），总之，当有毒的化学药物侵入土壤的世界，对这些数量巨大、有益的土壤生物来说，会发生怎样的情况呢？比如，假设我们使用一种广谱杀虫剂来杀死穴居的损害庄稼的昆虫幼体，难道我们有理由相信这样做的同时，不会杀死那些有益的土壤生物吗？或者，我们使用一种非专属性的杀菌剂杀死某一种昆虫，而不会伤害另一些以有益共生形式存在于树的根部并帮助树木从土壤中吸收养分的菌类吗？

土壤生态学这样一个极为重要的学科，显然在很大程度上被科学家们所忽视，而管理人员几乎完全不理睬这一问题，对昆虫的化学控制看来一直是在这样一个来自假定的基础上进行的，即土壤能忍受被引入任何数量的毒物而不反抗。土壤世界的天然本性已经无人在乎了。

已进行过的少量研究，为我们提供了一幅正在展开的关于杀虫剂对土壤影响的画卷。这些研究结果并非总是一致的，这并不奇怪，因为土壤类型的变化如此之大，以致在一种类型土壤中产生毁坏的因素，在另一种土壤中很可能是无害的。

轻质沙土就比腐殖土受损害程度要高很多。另外，化学药剂的联合使用比单独使用危害大。暂且不谈这些结果的差异，有关化学药物会带来的危害的充分、可靠的证据正在逐步积累，并开始引起许多科学家的不安。

在一些情况下，与生物世界息息相关的化学转化过程中的一部分已受到影响。将大气中的氮转化为植物适用形态的硝化作用就是一个例子。除莠剂 2，4-D 会引起硝化作用的短暂中断。最近在佛罗里达州的几次实验表明，氯丹、七氯以及 BHC（六氯联苯）施入土壤后仅两个星期，土壤的硝化作用就开始出现减弱；BHC 和 DDT 在施用后的一年时间里都持续对土壤有着严重的危害。在其他的实验中，BHC、艾氏剂、林丹高、七氯和 DDD 全都有阻碍固氮细菌形成豆科植物必需的根部结瘤的作用。那种真菌类和更高级植物根系之间奇妙而又有益的关系受到了严重的破坏。

自然界是依靠生物间的数量来巧妙地平衡的，但问题是，这种巧妙的平衡如今会经常受到破坏。当土壤中一些种类的生物由于使用杀虫剂而减少时，另一些种类的生物就会出现爆炸性增长，从而打乱了食物链。这样的变化会改变土壤的新陈代谢活动，并影响到生产力。这些变化也意味着，那些原本受到抑制的潜在有害生物，会摆脱自然对它们的控制，转变成有害的因素。

关于土壤中的杀虫剂残留，有一点非常值得注意，那就是，它们在土壤中的滞留不是以月计，而是以年计的。艾氏剂在使用的四年后仍被发现，一部分作为微量残留，更多的则转化为狄氏剂。在使用毒杀芬毒死白蚁后，过了十年时间仍有大量的毒杀芬残留在沙土中。BHC 在土壤中至少能存在十一年时间；七氯或更毒的衍生化学物，至少能残留九年时间。而氯丹在十二年后，在土壤里发现原有残留量的百分之十五仍然存在。

那些最初看似适量的杀虫剂，在几年时间过后，其数量在土壤中的累积达到了惊人的程度。由于氯化烃的持久性，每次的施用都是在原有的基础上的累加。如果反复性喷药，那么"一英亩地使用一磅 DDT 是无害的"这样的传统说法就毫无意义了。科学家在马铃薯地的土壤中发现每英亩的 DDT 含量达到了十五磅之多，而种植谷物的田地中更是高达十九磅。在一片被检测过的蔓越橘沼泽地中，测得每英亩含 DDT34.5 磅。那些取自苹果园的土壤，看来达到了污染的高峰。在那里，DDT 积累的速率与历年的使用量保持着同步的速率，甚至在一个季节里，由于果园里被反复喷撒了四次或更多次的 DDT，DDT 的残留量可达到每英亩三十到五十磅。假若连续喷撒多年，那么在果树与果树之间，土壤里的 DDT 残余量会在每英亩二十六到六十磅之间徘徊；而树根下的土壤中 DDT 残杀量则会高达每英亩一百一十三磅。

砷提供了一个土壤持久性污染的典型案例。虽然从 40 年代中期以来，砷作为一种烟草植物的喷剂已大部分被人工合成的有机杀虫剂替代，但由美国出产的烟草制作的卷烟中，砷的含量仍在 1932 至 1952 年期间增长了 300% 以上，最新的调查发现，增加量已经为 600%。砷毒理学权威亨利·萨特利博士说，虽然有机杀虫剂基本取代了砷，但烟草植物仍在继续吸取砷，这是因为栽种烟草的土壤已包含一种量大、不太易于溶解的毒物——砷酸铅。这种砷酸铅会持续释放出可溶态的砷。萨特利博士说，种植烟草的很大比例的土壤已遭"叠加和几乎是永久性的毒污染"。而那些产自未曾使用过砷杀虫剂的东地中海地区国家的烟草，没有发现砷含量增加如此之多的现象。

这样，我们就面临着第二个问题。我们不仅需要关心在土壤里发生了什么，而且还要努力了解植物从受到污染的土壤里吸收了多少杀虫剂。很大程度上，这取决于土壤还有作物的类型，以及杀虫剂的特性和浓度。一般来说，有机物含量高的土壤，杀虫剂残留量就会低。与别的作物相比，胡萝卜会吸收更多的杀虫剂。如果使用的药物碰巧是林丹，那么胡萝卜内的残留就会比土壤中的残留量还要高。将来，在种植某些粮食作物之前，有必要对土壤中的杀虫剂进行分析检测，否则，即使没有被喷过药的谷物，也可能由于从土壤里吸取了过多杀虫剂，而不适宜于作为商品供应市场。

这类污染引起了一系列的连锁反应，造成的影响难以估量。一家儿童食品厂的厂长一直不愿去买被喷过有毒杀虫剂的水果和蔬菜。最麻烦的是 BHC 这种化学品，当植物的根和块茎吸收了它后，就会产生一股霉味。在加利福尼亚州，某片土地在两年前曾使用过 BHC，现在出产的甘薯则不得不被丢掉。

有一年，一家公司跟南加州地区签订了甘薯供应合同，后来发现大面积土地被污染，该公司被迫承受巨大损失，不得不在市场上重新购买甘薯。几年后，在许多州生长的多种水果和蔬菜也不得不被抛弃。这其中，花生是最令人头痛的。在南部各州，花生通常是跟棉花轮种的，但因为棉花会被大量施用 BHC，导致轮种的花生也大量吸收了土壤中残留的这种杀虫剂。实际上，只需要很少量的 BHC 就能导致花生霉变味和出现怪味。这种杀虫剂能渗透到花生的内部组织里，根本没法清除。并且，在加工过程中，花生的霉变味和怪味不仅无法清除，很多时候反倒会加重。对于那些想要排除 BHC 残留的厂家，唯一的选择就是抵制所有喷洒过农药或者产自受污染土壤的农产品。

有时，针对农作物本身的威胁，只要土壤受到了杀虫剂的污染，就始终存在。一些杀虫剂对诸如豆子、小麦、大麦、裸麦等敏感植物会产生影响，妨碍其根系发育，并抑制种子发芽。华盛顿和爱达荷的啤酒花种植者们的经验就是最好的例子。1955 年春天，许多啤酒花种植者参与了一个大规模计划——控制啤酒花根部的象鼻虫的计划。这些象鼻虫的幼虫在啤酒花根部已经变得特别多。在农业专家及杀虫剂制造商的建议下，他们选择了七氯作为防治的药剂。在使用七氯后的一年时间里，被喷过药的园地里的啤酒花树枯萎并死掉了，而在没有被喷洒过七氯的田地里什么都没发生。作物受损害的情况，在用药和未用药的田地交界处显得非常明显。于是，人们不得不花很多钱，又在山坡上重新种上了作物，可第二年发现新长出的根芽也死了，直到四年后，土壤中依然残留有七氯。而科学家根本无法预测土壤里的残留毒素到底会持续多长时间，也提不出任何的改善建议。直到 1959 年 3 月，国家农业部才发现并宣布对啤酒花使用七氯是一个错误，但撤销这项建议已经太迟。而那些啤酒花种植者则不得不到法庭去起诉寻求赔偿。

杀虫剂仍在继续被使用，难以清除的农药残留继续在土壤中累积。毋庸置疑，我们面临着危险。1960 年，一群专家聚集在恩尔卡思大学讨论土壤生态问题时，达成了一种共识，他们总结评估了使用化学品和辐射这类"如此有效的却被人了解甚少的工具"所带来的危害："人类的一些错误行为，很可能导致土壤生产力的毁灭，然后地球被节肢动物接管。"

第六章 地球的绿色斗篷

"牧人寻找一片草地，或者伐木者寻求一棵树木，是他们不可剥夺的权利，但寻找一株萼草或卷丹就不是这位老太太的权利吗？我们继承的旷野的美学价值，就如同我们继承我们山中的铜、金矿脉，以及我们的山区森林一样珍贵。"

水、土壤和由植物构成的大地的绿色斗篷，支持着地球上动物所生存的世界。即使现代人很少记起这样一个事实，即，假若没有能够利用太阳生产出人类生存所必需的基本食物的植物，人类将无法生存。在对待植物时，我们的态度是傲慢和狭隘的。如果看到一种植物具有某种直接用途，我们就会种植它；如果出于某种原因，认为一种植物的存在不合心意或者没有必要，我们就会立刻对它判处死刑。除了各种对人及牲畜有毒的或侵害农作物的植物外，许多植物遭到灭绝，仅仅是因为我们认为这些植物在错误的时间，长在了错误的地方。还有许多植物遭到毁灭，是因为它们与我们需要除掉的一些植物生长在一起。

植物是生命之网的一部分，在这个网中，植物和大地之间、植物与植物之间、植物和动物之间存在着密切的、重要的联系。有时，我们只有破坏这些联系而别无他法，但我们应该谨慎些，应该先充分了解我们的所作所为在时间和空间的远期后果。但当前除草剂的销售兴旺，带来的利润丰厚，那些除草剂生产行业自然就缺乏高瞻远瞩，他们眼里只看得到因此为自己带来的好处。

我们已经轻率地造成了自然环境的巨大损害。最可悲的例子是在西部山艾灌木丛看到的。那里的人们正在进行一场清除山艾的运动，目的是要培育草原。假如需要有一种历史感去认知自然，这个例子就是最好的代表。因为，这里的自然环境是多种力量相互作用的产物。它就像是在我们面前打开的一本书，我们可以由此阅读到这片土地的过去，了解我们之所以需要保持它的完整性的原因。但书本打开着，却没人去读。

几百万年前，这片山艾地带位于西部高原和高原上山脉的斜坡区域，是由落基山山脉的隆起形成的。这是一个气候异常恶劣的地区：在漫长的冬季里，暴风雪会从山上扑来，地面会被厚厚的积雪覆盖；而夏季雨水很少，炎热、干旱，干燥的风吹走了植物枝叶的水分。

在自然环境的进程中，植物需要一个漫长的演化过程，来适应所处的环境。经过反复的试错、一次次的失败，最后才会进化出生存所需的独特属性。低矮的灌木状山艾之所以能在那一带的山坡和高原上扎下根来，是因为它灰色的小叶片具有保持水分、对抗风的作用，是有着特殊效用的。正是大自然选择的结果，才使得西部平原成为山艾灌木丛生长的土地。

和植物一样，各种动物也是根据环境进化而来的。后来，有两种动物就像山艾一样，完美地适应了它们的栖息地。一种是哺乳动物——敏捷粗野的叉角羚羊；另一种是鸟类——山艾松鸡，被称作"路易斯和克拉克平原之鸡"。

山艾和这种松鸡看起来是天然地相互依赖着的。这种松鸡的生长周期跟山艾的生长周期保持着基本一致。伴随着山艾的衰落，松鸡的数量也相应减少。在这片地区，山艾对这种松鸡意味着一切。山麓地带的低矮山艾为这种松鸡提供了栖息和隐蔽的处所，并为它们提供了活动的空间，并且山艾还是松鸡的主要食物来源。与此同时，对山艾来说，松鸡的特殊求偶方式，帮助山艾松动了根部周围的土壤，这也促进了杂草和山艾的生长。

叉角羚羊同样适应了山艾。它们是这里主要的居民，当冬天第一场大雪降临时，那些在山间度夏的羚羊就会向较低的地方迁徙。在那儿，山艾成了它们越冬的主要食物来源。当其他植物的叶子都掉落后，山艾依然能保持常青。它灰绿色的叶子是苦味的，散发着芬芳的香气，含有丰富的蛋白质和脂肪，还有动物所需要的矿物质。虽然大雪堆积，但山艾的顶部依然能冒出积雪，并且羚羊只需用自己的蹄子在雪堆上刨动几下，就能让山艾的枝叶露出来。松鸡也一样靠着山艾过冬，它们会在那些被风不断吹袭的裸露的岩石坡架上找到山艾，或者跟在羚羊的身后等羚羊刨开积雪。

其他的动物也依靠这些山艾。黑尾鹿经常靠它过活。山艾可以说是那些食草动物得以生存的保证。绵羊被放牧在许多冬季牧场上，那里几乎只有高大的山艾丛。山艾是一种比紫苜蓿更有营养价值的植物，在一年的一半时间内，它都是绵羊的主要食物。

因此，严寒的高原，紫色的山艾残体，粗野而迅捷的羚羊以及松鸡，这一切就是一个完美均衡的自然系统。真的是这样吗？恐怕在人们力图改变自然存在方式的那些地区，情况远非如此，而这样的地区现在已越来越多。打着发展的旗号，土地管理部门已着手去满足放牧者难以满足的对草地的贪婪。由此，他们策划着改造出一种没有山艾的草地。于是，一片自然条件下只适合与山艾混杂或在山艾遮掩下长草的土地，现在正被计划着除掉山艾，以创造出一种单一的草地。看来很少有人会去问，这样的草地在这一区域是否能稳定、是否和人们期望的结局相符。当然，大自然自己的回答并非如此。在这个雨水稀少的地区，年降雨量不足以支持单一的优质草地，但它对在山艾掩护下多年生的羽茅属植物比较有利。

然而，根除山艾的计划已经进行了多年。一些政府机构对此很是积极。工业部门也满怀热情地加入进来，鼓励这一事业，因为它不仅会提高对草种的需要，还会为大型的整套收割、耕作及播种设备创造广阔的市场。最新增加的是化学喷撒药剂。现在，每年都对几百万英亩的山艾地喷撒药物。

后果怎样呢？排除山艾和播种牧草的最终效果，很大程度上只能靠推测。对那些对土地特性具有长期经验的人来说，牧草在山艾之间以及在山艾下生长，可能比一旦失去保持水土的山艾后单独生长，情况会更好一些。

这个计划只顾及了眼前的利益，但结果显然是整个紧密联系着的生命的网被撕裂了。羚羊和松鸡将随同山艾一起灭绝；鹿群也将遭殃；由于野生生物的毁灭，土地也将变得更加贫瘠。甚至有意饲养的牲畜也将遭难；夏天的青草不够，绵羊在缺少山艾、耐寒灌木和其他野生植物的平原上，在冬季的风雪中只能挨饿。

这些仅仅是首要的、明显的效应。下一步的影响则跟用来对付自然界的那杆喷药枪有关——喷药也会导致预定目标之外的那些植物的毁灭。司法官威廉·道格拉斯在他新近的著作《我的旷野：东部的肯塔基》中，讲述了在怀俄明州的布里杰国家森林公园里，由美国森林服务局所造成的一个生态破坏的惊人例子。由于屈从于想得到更多草地的牧民们的压力，一万多亩山艾地被喷了药，山艾按预定方案被杀死。然而，那些沿着弯曲的小河生长的、穿过原野的垂柳，它那绿色、充满活力的枝条也遭到同样的命运。麋鹿一直生活在这些柳树丛中，柳树对于麋鹿如同山艾对于羚羊一样重要。海狸也一直生活在那儿，它们以柳树为食，并伐倒柳树，建筑水堤。通过海狸的劳动，形成了一个小湖。在山间溪流里生长的鳟鱼很少有超过六英寸长的，但在这样的湖里，它们长得肥大，许多已达五磅重。

水鸟也被吸引到湖区。仅仅由于柳树及依靠柳树为生的海狸的存在，这里已成为引人入胜的垂钓和狩猎的迷人胜地。

但拜森林管理部门的"改进"计划所赐，柳树遭遇了与山艾同样的命运，被不分青红皂白地喷药杀死。当1959年道格拉斯访问这个地区时，这里正在喷药，他异常惊骇地看到枯萎垂死的柳树，说这简直是"巨大的、难以置信的伤害"。麋鹿将会怎样？海狸以及它所筑造的小小的世界将会怎样？一年后，当他重返这里，来了解风景毁坏的程度时，他发现麋鹿和海狸都逃走了。那座海狸筑造的精巧的堤坝消失了，湖泊里的水已经流走，大的鳟鱼一条也没有了。没有什么东西能够生存在这个被遗弃的小河湾里，这条小河穿过光秃秃的、炎热的、没有树荫的土地。这里的生命世界已被破坏。

除了四百多万英亩的牧场每年会被喷药外，为了控制野草其他类型的大片地区，同样也会遭到直接或间接的化学药物的处理。例如，一个比整个新英格兰还大的区域（五千万英亩）正置于公用事业公司的管理之下，为了"控制灌木"，大部分土地正在接受例行处理。在美国西南部估计有七千五百万英亩的豆科植物所生长的土地需要用一些方法处理，化学喷药通常是最被积极推行的办法。一个还不太清楚但面积很大的木材生产地目前正在进行空中喷药，其目的是把针叶树中的杂木"清除"掉。在1949年后的十年间，施用除草剂的农业土地翻了一番，1959年已达五千三百万英亩。现在，已被处理的私人草地、花园和高尔夫球场的总面积，加起来必将是一个惊人的数字。

化学除草剂是一种华丽的新型玩具。它以一种惊人的方式在发挥效用。在那些使用者面前，它们显示出征服自然的让人眼花缭乱的力量，但其长远的、不大昭显的效应却很容易被当作是悲观主义的幻想而被漠视。"农业工程师"愉快地谈论着在用喷雾器取代犁铧的世界里的"化学耕种"问题；成千个村镇的父老乡亲们乐于倾听那些化学药物推销商和热心的承包商热情洋溢的宣传。他们的卖点是，化学方法比割草更便宜。很可能在那些官方的数据表里是这样的，但真正的成本并非是只用美元来计算的，还要包括我们不久将要考虑到的很多不可避免的损失。大规模的化学药物的批发广告也是极其昂贵的，还有自然环境以及与环境相关的各种代价的付出。

例如，被遍布大地的每一个商会所推崇的这一商品，在游客心目中的信誉如何呢？由于一度美丽的路边原野被化学药物的喷撒毁坏，抗议的呼声日益增长。

这种喷药把由羊齿植物、野花和浆果点缀的天然灌木所构成的美丽景色，变成了棕色、枯萎的旷野。一位新英格兰妇女气愤地给报社投稿写道："我们正在沿着我们的道路两旁制造一种肮脏的、深褐色的、气息奄奄的混乱。我们花费了那样多的金钱来宣传这一带的景色，游客们可不想看到这样的景象。"

1960年夏，从许多州来的环境保护主义者集中在平静的缅因岛，来共同见证由国家阿杜邦（Audubon）协会的主持人M.T.宾汉姆带来的演讲。那天讨论的中心是，保护自然环境以及由微生物到人类的一系列联系所构成的错综复杂的生命之网。但来访此岛的旅行者们在背后议论的却是沿途所目睹的荒芜。以前，在四季常青的森林中穿过的道路上行走始终是件愉快的事，道路两旁是杨梅、香甜的羊齿植物、赤杨和越橘。现在，却只有一片深褐色的荒芜。一位环保人士这样写道："我来到这里，为缅因原野的毁坏而生气。前几年这儿的公路连接着野花和动人的灌木，而现在，只有一英里又一英里的死去的植物的残痕……作为一种经济上的考虑，试问缅因州能承受由于旅行者对这种景色失去兴致带来的损失吗？"

在全国范围内以治理路旁灌木丛为名展开的这种无意识的破坏正在不断上演。缅因仅仅是一个例子，不过它所受到的破坏特别惨重，使我们当中那些深爱该地区美丽景色的人异常痛心。

康涅狄格植物园的植物学家宣称，对美丽的原生灌木及野花的破坏已达到了"原野危机"的程度。杜鹃花、月桂树、紫越橘、越橘、荚蒾、山茱萸、杨梅、羊齿植物、低灌木、冬浆果、苦樱桃以及野李子，在化学药物的火力网中正奄奄一息。曾给大地带来迷人的魅力及美丽景色的雏菊、安妮女王花、秋麒麟草以及秋紫菀也枯萎了。正是这些植物，曾经为这一带创造出了美丽迷人的景色。

农药的喷撒不仅计划不周，而且非常滥用。在新英格兰南部的一个城镇里，一个承包商完成了他的工作后，桶里还剩有一些化学药粉。他就沿着这片不允许喷药的路旁林地喷撒了这些多余的化学药物。结果，这个本来是很值得人们来此游玩的乡镇失去了它秋天路旁美丽的天蓝色和金黄色，以及秋紫菀和秋麒麟草显示出的景色。在另一个新英格兰的城镇，一个承包商在公路局不知情的情况下，私自修改了喷撒标准，喷药高度达到八英尺，而规定的最高限度仅仅是四英尺，因此留下了一条宽阔的、被破坏的、深褐色的痕迹。在马萨诸塞州，乡镇的官员们从一个热心的农药推销商手中购买了除草剂，而不知道里面含有砷。喷药后，道路两旁发生的事件之一是，砷中毒引起十二头母牛死亡。

1957 年，在沃特福德镇的道路两旁施用了化学除草剂，康涅狄格林园自然保护区的树木受到了严重伤害，即使没有被直接喷药的大树也受到了影响。虽然这正是春天万物生长的季节，橡树的叶子却开始卷曲并变为深褐色，然后新芽开始长出来，并且长得异常快，使树木显出凄惨的景色。两个季节后，这些树上大一些的枝干都死了，其他的都没了树叶，整片树林都是一幅扭曲、残破的景象。

我很清楚地知道在道路所及的地方，大自然用赤杨、莢蒾、羊齿植物和杜松装饰了大地，随着季节的变化，这儿有时是鲜艳的花朵，有时是秋天里宝石串似的累累硕果。这条道路并没有繁忙的交通运输任务，几乎没有灌木可能在急拐弯处和交叉口妨碍司机的视线。但是喷药人接管了这条路，使这条路变成了人们不愿停留的地方。对于一个对贫瘠、可怕的世界心怀忧虑的人来说，那是一种需要忍受的景象，而这样的一个世界正是我们用我们的技术造成的。但是，各处的权威不知为什么总迟疑不决。由于某种意外的疏忽，在严格安排的喷药地区中间留下了一些美丽的绿洲——正是这些绿洲的存在，才使得道路附近遭到毁坏的广大区域显得更加难以忍受。在这些绿洲中，到处都是火焰般的百合花，有着飘动的白色三叶草和彩云般的紫色野豌豆花，让人的精神为之一振。

而在那些销售和施用化学药物的人眼里，这些全都是"杂草"。在杂草防止会议（今天这类会议已成为常规）的某一期记录里，我看到了这样一段有关除草哲学的奇谈怪论。文章的作者是在为杀死那些有益的植物辩解，他称这些植物长在一起不好。他说，那些反对除掉路边野花的人，让他想起那些反对活体解剖的人来。他还说："对于这些反对活体解剖论者，如果根据他们的观点来进行判断，那么一只迷路的狗的生命，将比孩子们的生存更为神圣不可侵犯。"

对于这篇高论的作者，我们中很多人确实会怀疑他的性格是否扭曲。我们喜爱野豌豆、三叶草和百合花的精致、短暂的美丽，但这些景色现在已变得像被大火烧过了的，灌木成了赤褐色，很容易折断，以前曾高高地抬着它那骄傲花絮的羊齿植物，现在已枯萎。我们看起来是虚弱可悲的，因为我们竟能容忍这样糟糕的景象，灭绝野草并不能让我们高兴，我们对人类又一次这样征服这个所谓混乱的自然，并不感到欢欣鼓舞。

法官道格拉斯谈到他参加的一次联邦农民的会议，与会者讨论了本章前面提到过的居民们对山艾喷药计划的抗议。这些与会者认为：一位老太太因为野花被毁而反对这个计划是个很大的笑话。对此，这位仁慈的法官写道："牧人寻找一片草地，或者伐木者寻求一棵树木，是他们不可剥夺的权利，但寻找一株萱草或卷丹就不是这位老太太的权利吗？我们继承的旷野的美学价值，就如同我们继承我们山中的铜、金矿脉，以及我们的山区森林一样珍贵。"

当然，除了美学上的意义，保存我们的野生植物的愿望中还有着更多的意义。在大自然的组合中，天然植物有其重要的作用。乡间沿路的树篱和块状的原野为鸟类提供了栖息地、食物来源，也是许多幼小动物的家园。单在东部许多州里，有七十多种灌木和一些藤蔓植物是典型的路旁植物种类，其中有六十五种是野生生物的重要食物来源。

这样的植物也是野蜂和其他授粉昆虫的栖息地。人类总是在忽视这些自然授粉者对自己的重要性，甚至农夫也很难认识到这些野蜂的价值，并常常采取各种措施，加入到消灭它们的行列里，使得这些野蜂不再能为他服务。一些农作物和许多野生植物，都部分或全部地依赖天然授粉昆虫的帮助。几百种野蜂参与了农作物的授粉过程——仅紫苜蓿花就有一百种野蜂光顾。没有自由的授粉作用，在未耕耘的土地上的绝大部分保持土壤和增肥土壤的植物，就必定会灭绝，从而给整个区域的生态造成深远的影响。森林和牧场中的许多野草、灌木、树木都依靠天然昆虫进行繁殖，而没有了这些植物，许多野生动物及牧场牲畜就没有多少东西可吃。现在，清洁的耕作方法和化学药物，对树篱和野草的毁灭正在消灭这些授粉昆虫最后的避难所，并正在切断连接生命与生命之间的纽带。

这些昆虫，就我们所知，对我们的农业和田野是如此重要，它们理应从我们这得到一些好的回报，而不应被我们随意破坏它们的栖息之地。蜜蜂和野蜂主要依靠像秋麒麟草、芥菜和蒲公英这样一些"野草"提供的花粉来作为幼蜂的食物。在紫苜蓿开花前，野豌豆为蜜蜂提供了春天的食物，使其顺利度过春荒，以便为紫苜蓿花授粉做好准备；秋天，它们需要依靠秋麒麟草贮备过冬的能量，在这个季节里，再没有其他食物可得了。通过大自然这样精确而巧妙的时间控制，一种野蜂正好在柳树开花的那一天出现。了解这些的大有人在，但别的一些人制定的大规模化学药品的计划影响了整个地区。

然而，那些本应该懂得保护野生动植物栖息地的价值所在的人到哪里去了？他们中的不少人正在为除草剂的"无害"进行辩护。但当除草剂随着雨水进入森林、田野、沼泽以及牧场后，就会造成显著的改变，甚至对那些野生动植物的栖息地造成永久性的破坏。从长远来看，破坏这些野生动植物的栖息地，比杀死它们还要残酷。

那种全力以赴对道路两旁及路标界区进行的化学袭击，其讽刺性是双重的。经验已清楚地表明，企图实现的目标是不易达到的。滥用除草剂并不能持久地控制路旁的灌木，因此造成的结果就是年复一年地喷撒。更有讽刺意味的是，尽管可以采取更妥善的方法进行选择性的喷撒，以实现长期的植被控制，避免在大部分植物上进行重复喷药，可我们依然要执迷不悟。

控制沿着道路及路标界的丛林的目的，并不是要把地面上除青草以外的所有东西都清除掉，说得更恰当一点，这是为了除去那些最后会长得很高的植物，以避免阻挡驾驶员的视线或干扰路标区的线路。一般来说，这指的是乔木。大多数灌木都长得矮小，完全没有危险性，羊齿草与野花也是如此。

选择性喷药是弗兰克·艾格尔博士发明的，当时他在美国自然历史博物馆任路标区灌木丛防治委员会主任。他是基于这样一种事实，即，大多数灌木植物能抵挡乔木的侵入，选择性喷撒就可以利用这一自然界固有的特性。反倒是草原更容易被树苗侵占。选择性喷撒的目的不是为在道路两旁和路标区培植青草，而是为了通过直接处理以清除那些高大的乔木植物，而保留其他植物。对于那些抵抗性很强的植物，用一种可行的追补处理方法就足够了，此后，灌木就能保持这种控制效果，不让乔木复生。在控制植物上最好、最廉价的方法不是化学药物，而是其他植物。

这个方法一直在美国东部的实验区进行试验。结果表明，一旦经过适当处理，一个区域就会稳定下来，至少二十年内无须再喷药。这种喷撒经常是由人们背着喷雾器一步步走着来完成的，而且对喷雾器严加控制。有时候压缩泵和喷药器可以安装在卡车的底盘上，但从不进行地毯式喷撒，只是直接对乔木和那些特别高的灌木进行清理。这样一来，环境的完整性被保存了下来。具有巨大价值的野生生物栖息地也完好无损，灌木、羊齿植物和野花形成的美丽景色也未受到破坏。

选择性喷药来处理植物的方法已经得到了很多地方的采纳。但习惯总是根深蒂固、难以消除的，地毯式的喷撒仍在进行。它每年消耗纳税人大量的金钱，并且严重破坏了生态环境。可以肯定地说，地毯式喷撒之所以复活仅仅是因为上述事实不为人知。当纳税人认识到对城镇道路喷药的账单应该是一代送来一次，而不是一年一次的时候，纳税人肯定会站起来要求对方法进行改变。

选择性喷药的优越性有很多，其中有一点就是，它能使渗透到土地中的化学药物总量减到最少，不再漫无目的地喷药，而是集中使用到树木根部。这样一来，对野生生物的潜在危害也被降到最低的程度。

被最广泛使用的除草剂是 2.4-D、2.4，5-T 以及相关的化合物。这些化学物品是否有毒，目前还存在争议。在自家草坪使用 2.4-D，接触药水的人有时会患急性神经炎，甚至会出现麻痹。虽然此类事件不经常发生，但医药当局已提出警告，建议谨慎使用。2.4-D 还存在一些潜在的危险。实验证明，这些药物会破坏细胞内呼吸的基本生理过程，并和 X 射线一样能破坏染色体。最近一些研究表明，比那些致死药物毒性水平低得多的一些除草剂，也会对鸟类的繁殖造成不良影响。

除了直接的毒性影响，某些除草剂的使用还出现了一些奇怪的间接后果。已经发现，一些野生食草动物和家畜有时很奇怪地被一种曾被喷过药的植物吸引，而这种植物并非是它们的天然食物。假如一直使用一种像砷那样毒性很强的除草剂，想要除去植物的强烈愿望必然会带来重大后果。如果某些植物本身恰好有毒或者长有荆棘和芒刺，那么，毒性较小的除草剂也会致死。例如，牧场上的野草，在被喷药后突然变得对牲畜具有吸引力了，牲畜会沉溺于这种野草怪异的味道，最终导致死亡。兽医药物文献中有很多类似的例子：猪吃了被喷过药的苍耳子后，患上严重的疾病；羊会吃那些被喷过药的蓟草也一样；芥菜开花后被喷药，能让蜜蜂中毒；野生樱桃的叶子本来就有很强的毒性，被喷上了 2.4-D 后，就会对牛具有致命的诱惑力。很明显，被药喷过后（或割下来后）枯萎的植物更具吸引力。豕草提供了另一个例子，家畜一般不吃这种草，除非在缺少饲料的冬天和早春才被迫去吃。然而，当这种草被喷了 2.4-D 后，动物就很愿意吃。

这种奇怪的现象是由于化学药物造成了植物新陈代谢的变化，糖的含量有明显增加，这使得植物对许多动物具有更大的吸引力。

2.4-D 具有的另外一个奇怪的效能，是对牲畜、野生生物以及人都有明显的作用。大约十年前做过的一些实验表明，谷类及甜菜经过这种化学药物处理后，其硝酸盐的含量会急骤增高。这些化学药物对高粱、向日葵、蜘蛛草、羊腿草、猪草以及伤心草可能也有同样的效果。这些种类的草，牛本来不吃，但当经过 2.4-D 处理后，牛吃起来津津有味。据一些农业专家的追查，一定数量的牛的死亡与喷药的野草有关。危险在于硝酸盐的增长上，这种增长因为反刍动物所特有的生理过程，会很快引起严重反应。大多数这类动物具有特别复杂的消化系统——胃分为四个腔室。纤维素的消化是在微生物（瘤胃细菌）的作用下，在其中一个胃室里完成的。当动物吃了硝酸盐含量异常高的植物后，瘤胃中的微生物会把硝酸盐转化为毒性很强的亚硝酸盐，从而引起一系列致命环节的出现：亚硝酸盐作用于血色素，使其成为一种巧克力色的物质，氧本被物质禁锢，无法参与呼吸循环，因此，氧不能由肺送到机体组织中。由于缺氧，死亡将在几小时内发生。这样一来，有关牲畜吃过用2.4-D处理的野草导致死亡的各种报告就有了一个合理的解释。这一危险同样存在于属于反刍类的野生动物如鹿、羚羊、绵羊和山羊中。

虽然其他种种的因素（如异常干燥的气候）能引起自然中硝酸盐含量的增加，但对2.4-D滥卖与滥用的后果再也不能视而不见。这种现象曾引起威斯康星州大学农业实验室的极大关注，他们曾在1957年发出警告："被2.4-D杀死的植物中可能含有大量的硝酸盐。"人类和动物面临同样的危险，这有助于解释最近连续不断发生的奇怪的"粮库死亡"现象。当含有大量硝酸盐的谷类、燕麦或高粱入库后，它们会释放出有毒的一氧化碳气体，这对进入粮库的任何人都能产生致命的危险。只要吸几口这样的气体，就会引起一种扩散性的化学肺炎。在由明尼苏达大学医学院研究的一系列这样的病例中，除一人外，全部死亡。

"我们在大自然中行走，就仿佛大象在摆满瓷器的小房子里行走一样。"了解这一切的荷兰科学家C.J.贝尔金这样总结了人们对除草剂的使用："我的意见是被误认为要除去的野草太多，而我们并不知道长在庄稼中的草哪些是有害、哪些是有益的。"

那，野草和土壤间的关系究竟是怎样的？能提出这一问题是很难得的。即使是从我们狭隘的自身利益来看，它们之间的关系也是有益的。正如我们已看到的，土壤与在其中、其上生活的生物之间存在一种彼此依赖、互为补益的关系。野草从土壤中获取一些东西，野草也给予土壤一些东西。

最近，荷兰一座城市的花园提供了一个实例。那里的玫瑰花生长得很不好。土壤样品显示已被线虫严重感染。荷兰植物保护公司的科学家并没有推荐使用化学喷剂或任何的土壤处理，而是建议把金盏草种在玫瑰花中。这种金盏草无疑会被讲究装饰的人认为是在任何玫瑰花坛中的一种野草，但从它的根部可以分泌出一种能杀死土壤中线虫的物质。这一建议被接受了，一些花坛里种植了金盏草，另外一些花坛不种金盏草，以进行对比。结果是明显的。在金盏草的帮助下，玫瑰长得很繁茂，但在不种金盏草的花坛里，玫瑰呈现病态而且枯萎了。现在，许多地方都用金盏草来消灭线虫。

在这一点上，也许还有我们尚不了解的其他一些植物起着对土壤有益的作用，可我们过于残忍地将它们根除了。现在通常被斥为"野草"的自然植物群落的一种非常有用的作用是可以作为土壤状况的指示剂。当然，这种作用在一直使用化学除草剂的地方已消失。

那些想用喷药来寻求解决一些问题的人忽略了一件具有重大科学意义的事情——需要保留一些自然植物群落。我们需要这些植物群落作为一个标准，与之对照就可以测量出由于我们自身活动所带来的变化的后果。我们需要它们作为自然的栖息地，在这些栖息地中，昆虫的自然数量和其他生物可以被保留下来。这些情况将在第十六章中讲述。对杀虫剂的抗药性的增长正在改变着昆虫也许还有其他生物的遗传因素。一位科学家甚至提出建议：在这些昆虫的遗传性质被进一步改变之前，应当建立一些特别种类的"动物园"，用来保留昆虫、螨类及同类生物。

一些专家曾提出警告，他们认为由于除草剂使用的日益增加，在植物中引起了一系列影响深远而又难以捉摸的变化。用来清除阔叶植物的化学药物 2.4-D 使草类在没有竞争的环境下繁茂起来——现在，这些草类中的一些草已变成了"杂草"。于是，又出现了杂草控制的新问题。这种奇怪的情况在最近一期关于农作物问题的杂志上被确认："由于广泛使用 2.4-D 来控制阔叶植物，野草的迅猛增长已成为对谷类与大豆的一种威胁。"

豕草——枯草热病的病原——提供了一个有趣的例子，控制自然的努力有时像澳洲土著人的飞去来器，投出去后又飞回原地。为控制水草，沿道路两旁喷了几千加仑的化学药物。然而，不幸的是，地毯式喷药的结果是豕草不但没有减少，反而更多了。豕草是一年生植物，它的生长需要开阔的空间。因此，我们控制这种植物的最好办法是继续促使浓密的灌木、羊齿植物和其他多年生植物的生长。经常性的喷药消灭了其他具有保护性的植物，创造了开旷、荒芜的区域——豕草就迅速长满了这个区域。此外，大气中药粉的含量可能与路边的豕草无关，却可能与城市空地、休耕地上的豕草有关。

清除马唐草的化学药品的销量大幅增长，是错误的方法流行的另一个例证。相比年年施用化学药物，有一种方法在清除马唐草时更为便捷、有效。这种方法就是，让另外一种牧草加入竞争，而这一竞争使马唐草无法蔓延。马唐草只能生长在贫瘠的草坪上，这是马唐草的特性，而不是由于它本身有什么疾病。通过让土壤变得肥沃使其他的草类很好地生长，这会创造一个马唐草无法很好生长的环境，再加上它的种子的发芽也需要开阔的空间。

苗圃人员听了农药生产商的意见，而郊区居民又听了苗圃人员的意见，于是他们不去改良土壤，而是继续大量使用除草剂。从商标名字上看不出这些化学物品的特征，但它们包含有像汞、砷和氯丹这样的有毒物质。随着农药的出售和应用，在草坪上留下了极大量的这类化学药物。例如，一种药品的使用者按照使用指南，他需要在一英亩地中使用六十磅氯丹产品。如果他们使用另外一些可用的产品，那么就将在一英亩地中用一百七十五磅的砷。我们将在第八章看到，鸟类死亡的数量越来越令人担忧。至于这些草坪对人类有怎样的影响，目前还不得而知。

坚持对道路旁和路标界植物进行选择性喷药试验的成功提供了一种可能性，即，用正确的生态方法可以实现对农场、森林和牧场的其他植物的有效控制。此方法的目的不是为了消灭某个特别种类的植物，而是要把植物作为一个有机群落加以管理。

一些取得的成绩表明了什么是能够做得到的。在控制那些不需要的植物上，生态控制方法取得了一些惊人的成就。大自然本身会出现一些使我们困扰的问题，但大自然通常是以它自己的办法成功地解决的。对一个懂得去观察和学习自然的人来说，他也会经常得到成功的酬谢。

在控制植物上有过的一个突出例子是在加利福尼亚州对克拉玛斯草的控制。克拉玛斯草也叫山羊草，原产于欧洲，在那儿它被叫作"圣约翰草"。后来，它随着人类迁徙，第一次在美国被发现是 1793 年在靠近宾夕法尼亚州的兰喀斯特。到了 1900 年，这种草就扩展到了加利福尼亚州的克拉玛斯河附近，于是就得到了一个新的名字。1929 年，它占领了几乎十万英亩的牧地，而到了 1952 年，它已侵占了约二百五十万英亩面积的土地。克拉玛斯草不同于山艾这类当地植物，它在这个区域中没有自己的生态位置，也没有动物和其他植物需要它。相反，它在哪里出现，哪里的牲畜吃了这种有毒的草就会"满身疥癣，嘴里生疮"。土地的价值因为克拉玛斯草而大打折扣。

在欧洲，克拉玛斯草即圣约翰草从来不会造成什么问题，因为这种植物伴生了多种昆虫，这些昆虫把这种草当作主要食物来源，从而限制了这种草的生长。尤其是在法国南部，有两种甲虫长得像豌豆那么大，有着金属光泽，它们的生存依赖于这种草的存在，完全以这种草为食。

1944年，第一批这类甲虫被运到了美国，这是一个具有历史意义的事件，因为这在北美是利用食草昆虫来控制植物的第一次尝试。到了1948年，这两种甲虫都很好地繁殖了起来，因而再不需要进口了。传播它们的办法是：把甲虫从原来的生长地收集起来，然后把它们以每年一百万的比例散布下去。先在很小的区域内完成了甲虫的散布，只要克拉玛斯草一枯萎，甲虫就马上会继续前进，并且非常准确地找到新的栖息场所。于是，当甲虫削弱了克拉玛斯草后，那些一直被排挤的、人们所需要的牧场植物就得以恢复。

1959年完成的一次十年考察证明，克拉玛斯草已减少到原有的百分之一，"取得了比有心者们的希望还要好的效果"。这两类甲虫的大量繁殖是无害的，实际上需要维持甲虫的数量以控制将来克拉玛斯草的蔓延。

另外一个非常成功而且经济地控制野草的例子可能是出现在澳大利亚。殖民者曾经有过一种将植物或动物带进一个新的殖民地国家的风俗。一个名叫阿休·菲利浦的船长大约在1787年将许多种类的仙人掌带进了澳大利亚，试图用它们培养可做染料的胭脂红虫。一些仙人掌从种植园里逃逸了出去，直到1925年，我们发现近二十种仙人掌已成为野生的。由于在这个区域里没有抑制这类植物生长的天然条件，它们很快就在广阔的地区蔓延开来，最后侵占了大约六千万英亩的土地，把这个区域浓密地覆盖起来，不再可能生长其他植物。

1920年澳大利亚昆虫学家被派到北美和南美去研究这些仙人掌在原产地的昆虫天敌。经过对一些种类的昆虫进行试用后，一种阿根廷蛾被选中。这种阿根廷蛾于1930年在澳大利亚产了三十亿个卵。十年后，最后一批仙人掌死掉了，原先人们无法居住的地区又重新可以居住和放牧。整个过程花费的钱是每亩不到一个便士。相对比，早年所用的那些效果无法令人满意的化学控制法，却在每英亩地上花费了十英镑。

这两个例子都说明，植物的昆虫天敌，可以非常有效地控制一些植物的生长。虽然这些昆虫可能对任何畜牧业者都是易于选择的，并且它们高度专一的摄食习性能很容易地为人类所利用，可是牧场管理学领域里的科学家却一直对此不予考虑。

第七章　不必要的大破坏

由于我们竟然能默认对活生生的生命这样残忍，作为人类，我们中有谁不曾降低我们作为人的人格呢？

当人类向着他所宣告的征服大自然的目标前进时，他已写下了一部令人痛心的破坏大自然的历史。这种破坏不仅直接危害了人所居住的大地，而且也危害了与人类共享大自然的其他生命。最近几世纪的人类历史中有一段非常暗淡的时期——西部平原对野牛的屠杀；猎人对海鸟的残害；为了得到白鹭羽毛几乎灭绝了白鹭。在有过诸如此类的历史记录的情况下，现在我们正在增加一个新的记录——通过化学杀虫剂不加分别地喷撒，伤害各种鸟类、哺乳动物、鱼类，事实上是在伤害所有的野生生物。

依据当前正指导我们命运的哲学，似乎没有什么是可以阻碍人们对喷雾器的使用的。在消灭昆虫的战役中，那些附带的受害者对人说来都是无足轻重的；驹鸟、野鸡、浣熊、猫，甚至牲畜只是刚好跟要被消灭的昆虫生活在同一区域，是附带的牺牲者，当然不应该为此提出抗议。

那些希望对野生生物遭受损失的问题做出公正判断的人们，落入了今天一种不知如何是好的境地。外界现在有两种观点，一种来自环境保护者和许多研究野生生物的生物学家，他们断言，喷撒杀虫剂所造成的损失一直是严重的，有时甚至带来严重的灾难。但以控制机构为另一方，他们总是企图断然否认喷撒杀虫剂会造成损失，或者认为即使有损失也无关紧要。我们应该接受哪种观点呢？

最重要的是证据的确凿性。对于野生生物的损害，那些在现场的野生生物专家当然最有发言权。而专门研究昆虫控制的昆虫学家却看不清这一问题，他们在意识上并不期望看到他们的控制计划带来的负面影响。那些在州和联邦政府中从事控制工作的人，当然还有那些化学药物的制造者，他们甚至坚决否认生物学家所报道的事实，他们宣称只看到了对野生生物有限的轻微伤害。就像某《圣经》故事中的牧师和利未人一样，他们由于彼此仇视，因而老死不相往来。即使我们善意地把他们的这种否认解释为是他们对专家和与此有利害关系的人漠不关心，也决不意味着我们必须承认他们言之有理。

想要拥有自己的观点和见解，最好是查阅一些主要的控制计划，并请教那些熟悉野生生物的生活方式以及对使用化学药物没有偏见的见证人。了解当杀虫剂药水像雨一样从天空播撒到野生生物的领域后，究竟发生了些什么情况。对养鸟人，对为自己花园里的鸟儿感到欢乐的郊外居民、猎人、渔夫，或那些荒野地区的探险者来说，对一个地区的野生生物造成的伤害（即使在一年中）都必将剥夺他们享受欢乐的合法权利。这是一个正当的观点。正如有时所发生的那样，虽然一些鸟类、哺乳动物和鱼类在被喷药一次后重新得到恢复，但真正严重的危害已经发生。

并且，这样的恢复通常很难做到，因为喷药一般是反复进行的。即使只接触过一次这样的喷药，野生生物恢复的机会也微乎其微。通常喷药的结果是制造了一个被毒化的环境，这是一个致死的陷阱。在这个陷阱中，不仅仅原住民受到影响，那些移居进来的也遭到同样的命运。被喷药的面积越大，危险性就越严重，因为不再有安全的绿洲。现在，在控制昆虫计划的一个十年中，几万甚至几百万英亩土地总是作为一个单位被喷药。在这十年中，私人及社区性喷药的数量和频率猛增，关于美国野生物遭到破坏和死亡的记录已在不断地累积。让我们来看看这些计划，并看看已经发生了怎样的情况吧。

1959 年秋天，密歇根州东南部包括底特律郊区的两万七千多英亩土地接受了空中的艾氏剂药粉的高剂量喷撒。此计划是由密歇根州的农业部门和美国国家农业部联合进行的，宣称其目的是为了控制日本甲虫。

并没有证据证明有必要采取这样一个激烈的、危险的行动。相反，该州一位最有学识的博物学家 W.P. 尼凯尔表达了不同的意见。他在密歇根州南部待过很长时间，每年夏天的很多时间是在田野里度过的，他宣称："二十多年来，以我自己的经验来看，在底特律城存在的日本甲虫为数不多。随着时间的推移，甲虫的数量也并未显出有任何明显的增长。除了政府设在底特律的捕虫器中，我曾看到过很少的几只日本甲虫外，在天然环境下我仅看到了一只日本甲虫……任何事情都是在秘密进行，以致我一点也得不到关于昆虫数目增加的报告。"

来自该州政府的官方消息只是宣布这种甲虫已"出现"在进行喷药的指定区域。

尽管缺少正当的理由，但还是由该州提供人力并监督执行情况，由联邦政府提供设备和后勤人员，由乡镇为杀虫剂付款，这个计划还是得到了执行。

日本甲虫是一种被意外进口到美国来的昆虫，最早是在1916年于新泽西州被发现的。当时在靠近里夫顿的一个苗圃中发现了几只带有金属绿的甲虫，最初并未能辨认出，后来知道它们来自日本主岛。很明显，这些甲虫是在1912年限制条例宣布前，跟随苗木一起被带进美国的。

日本甲虫从它最初进入的地点逐渐地扩展到了密西西比河东部的许多州，这些地方的温度和降雨条件都适宜于这种甲虫的生长。那以后，这种甲虫每年都在越过原先的分布界线向外扩展。在甲虫定居时间最长的东部地区，一直在努力实行自然控制。凡是实行了自然控制的地方，正如许多记录所证实的，甲虫都被控制在一个较低的数量之下。

尽管东部地区有对甲虫合理控制的这一经验，但处于甲虫分布边缘的中西部各州却发起了一场针对这种甲虫的战役，其攻击力度之大，足以消灭最厉害的敌人，而不只是消灭普通的甲虫。由于使用了最危险的化学药物，原本只想消灭甲虫，结果却使大批人群、牲畜还有野生生物中毒。这个消灭日本甲虫的计划已造成了大量动物的生命被伤害，其后果令人震惊，同时，还使大批人类面临巨大的危险。在控制甲虫的名义下，密歇根州、肯塔基州、艾奥瓦州、印第安纳州、伊利诺伊州以及密苏里州的许多地区都被化学药物侵染。

密歇根州是第一批大规模从空中对日本甲虫进行袭击的地方。选用艾氏剂（化学药物中毒性最强的一种）并非因为它对控制日本甲虫有特效，而只是为了更省钱——艾氏剂是所有这类化合物中最便宜的。一方面，州的官方发行物承认艾氏剂是一种"毒物"，另一方面又暗示在人口稠密的地区使用这种药剂，不会给人类带来危害。（对于"我应该采取什么样的预防措施"这一问题的官方回答是："你不需要采取任何措施。"）对于喷撒效果，联邦航空的一位官员说过的一段话后来被引用在一个当地的出版物中："这是一种安全的操作。"底特律一位园林及娱乐部门的代表更是保证说："这种药粉对人是无害的，也不会使植物和兽类受害。"人们完全可以想象，没有一个官方人员查阅过美国公共卫生调查所、鱼类及野生物调查所发表的很有用的报告，也没有查阅关于艾氏剂剧毒性的具体资料。

密歇根州的防治和消灭害虫的法律允许该州不通知或不必取得土地所有者的同意，就不分青红皂白地喷药。根据这一法律，低空飞行的飞机开始飞临底特律空域，城市当局以及联邦航空公司马上被居民们担忧的呼声所包围。由于在一个小时内就接到了近八百个质问电话，警察请求广播电台、电视台和报纸"告诉观众，他们现在看到的是怎么回事，并通知他们这一切是安全的"。联邦航空公司的安全员向公众保证"这些飞机是被认真监督着的"，并且"低空飞行是经过批准的"。为了减少公众的恐慌，这位安全员进一步错误地解释说："这些飞机有一些紧急阀门，可以使飞机随时倾倒出全部负载。"谢天谢地，他总算没这样干。但当这些飞机开始执行任务时，杀虫剂的药粉一视同仁地落在了甲虫和人的身上，"无害的"毒物像下雨一样降落到正在买东西或去上班的人的身上，降落在从学校回家吃午饭的孩子的身上。家庭妇女从门廊和人行道上扫走了被称为"看上去像雪一样"的小粉粒。正如后来密歇根州阿杜邦学会所指出的："由艾氏剂和黏土混合而成的白色小药粒（并不比针尖大）成百万地进入到屋顶的天花板缝隙、屋檐的水槽和树皮与小树枝的裂缝中……当下雪和下雨时，每个水坑都成了一洼致死的毒药。"

在之后的几天时间里，底特律阿杜邦学会就收到了关于鸟类的信息。据阿杜邦学会的秘书长安妮·博伊斯夫人说："人们开始关心喷药后果的第一个迹象，是我在星期天早上接到了一个妇女的电话。她报告说，当她从教堂回家时，看到了大量已死的和快要死去的鸟。那里正是星期四被喷过药的区域。她说，在这个区域里，现在已经看不到还在飞的鸟儿了。最后，她在她家后院发现了一只死鸟，邻居家也发现了死田鼠。"在那一天里，博伊斯夫人接到的所有电话都在报告说有大量的鸟死了，没有活的……家中有饲鸟器的人说，根本没有鸟儿可以养了。那些垂死的鸟儿呈现出典型的杀虫剂中毒症状：战栗、失去飞翔能力、瘫痪、惊厥。

鸟类并非唯一立刻受到影响的生物。一个地方的兽医报告说，他的办公室里挤满了带着突然病倒的狗和猫来就诊的人。看来那些总是习惯于小心地整理着自己的皮毛和爱舔爪子的猫是受害最重的，它们的表现是严重的腹泻、呕吐和惊厥。兽医能给予这些求医者的唯一忠告是：在没有必要的情况下，不要让动物外出，要是动物出去了，应赶快把它的爪子洗干净。（但氯化烃无法从水果或蔬菜里洗掉，所以这种措施提供的保护非常有限。）

尽管市县卫生官员极力否认，坚持认为这些鸟儿必定是被"一些其他的喷撒药物"杀害的；尽管他们坚持认为随着艾氏剂的施用而出现的喉咙发炎和胸部刺激也一定是由"其他原因"引起的，但当地卫生部门却收到了接连不断的控诉。

一位杰出的底特律内科大夫被请去为四位病人看病，他们在观看飞机撒药时不小心接触到了杀虫药，一小时后就病倒了。这些病人都有同样的症状：恶心、呕吐、发冷、发烧，异常疲劳、咳嗽。

在许多其他市镇反复采用了底特律采用的这一方式，它被作为消灭日本甲虫的主要手段。在伊利诺伊州的兰岛捡到了几百只死了和奄奄一息的鸟儿。从收集鸟儿的人那得来的数据表明，那里百分之八十的鸣禽已死亡。1959年，伊利诺伊州对朱里叶的三千多英亩土地用七氯进行了处理。来自当地一家狩猎俱乐部的报告显示，凡撒过药的地方的鸟儿"实际上已全部被消灭了"。同样，也发现了大量死去的兔子、麝香鼠、袋鼠和鱼，甚至当地一所学校把收集被杀虫剂毒死的鸟儿作为一项科学活动。

可能再没有一个城镇比伊利诺伊州东部的希尔顿市和相邻的易洛魁县为造就一个没有甲虫的世界所经历的遭遇更惨的了。1954年，美国农业部和伊利诺伊州农业部沿着甲虫侵入伊利诺伊州的路线，开始了消灭日本甲虫的运动。他们满怀希望地高密度地喷撒药物以保证消灭入侵的甲虫。在第一次"消灭运动"进行的那一年，狄氏剂从空中被喷撒到一千四百英亩的土地上，另外的二千六百英亩土地在1955年也遭到了同样的处理，然后，"消灭运动"被认为圆满完成了。后来，越来越多的地方请求使用这样的化学处理方法，到1961年末，有131000英亩的土地被喷撒了化学药物。即使是在执行计划的第一年，就有野生生物及家禽遭受了严重的毒害。在既没有同美国鱼类及野生物调查所商量也未同伊利诺伊州狩猎管理部门商量的情况下，这种化学处理方法在继续进行。（然而，在1960年的春天，联邦农业部的官员们在国会委员会前反对一项需要事前商议的议案。他们委婉地宣布，该议案是不必要的，因为合作与商议是"经常的"。这些官员根本不管那些地方的合作无法达到"华盛顿水平"。他们也明确宣称不愿与州立渔猎部商量。）

用于化学控制的资金总是源源不断，然而希望测定化学控制对野生生物所造成的危害的伊利诺伊州自然历史调查所的生物学家们，却不得不在几乎没有资金的情况下进行工作。1954年用于雇用野外助手的资金只有一千一百美元，而在1955年完全没有提供专款。尽管有这样一些困难，但生物学家们还是综合整理出了一些事实。这些事实清晰地描画出了一幅野生生物遭到空前伤害的景象——每当喷药计划一开始付诸实施，这种伤害就立刻明显起来。

以昆虫为食的鸟类的中毒情况的发生不仅取决于所使用的毒药，也取决于毒药使用的方式。在希尔顿市早期计划进行喷药期间，狄氏剂是按每英亩三磅的比例进行喷撒的。想要了解狄氏剂对鸟类的影响，人们只需要记住在实验室里对鹌鹑所做的实验就行。狄氏剂的毒性已证明为 DDT 的五十倍。因此，在希尔顿市的土地上所喷撒的狄氏剂大约相当于每英亩一百五十磅的 DDT，对鸟类的影响可想而知。并且，这只是计算的最小值，因为在具体的喷药过程里，农田的周边和角落都存在被重复喷撒的情况。

当化学药物渗入土壤后，中毒的甲虫的幼虫会爬到地面，在地面停留一段后才会死去。这样一来，它们对吃昆虫的鸟儿造成的影响会被放大。在撒药后两个星期内，在地面上死去的和将死的各种类型的昆虫的数量是庞大的。褐色长尾鲨鸟、燕八哥、野百灵鸟、白头翁和雉实际上已全部死亡。据生物学家的报告，知更鸟"几乎灭绝了"。在一场细雨过后，可以看到许多死去的蚯蚓，知更鸟很可能就是吃了这些有毒的蚯蚓死去的。同样的，其他的鸟类也未能幸免。曾经是有益的降雨变成了可怕的毒药，给鸟类带来了一场毁灭性的灾难。有人曾看到喷药几天后，在雨水坑里喝过水和洗过澡的鸟儿都死去了，幸存下来的鸟儿也都失去了活力。虽然在用药物处理过的地方发现了几个鸟窝、几个鸟蛋，但是没有一只小鸟。

在哺乳动物中，田鼠实际上已绝灭。它们的尸体呈现出中毒暴死的特征。在受到药物处理过的地方，发现了死的麝香鼠，田野里发现了死兔子。狐鼠在城镇里是比较常见的动物，但在喷撒药物后也消失了。

在对甲虫发动了战争后，在希尔顿地区的任何农场中能见到一只猫都是稀罕事。在被喷撒药物后的一个季度里，农场里百分之九十的猫都变成了狄氏剂的牺牲品。本来这些是可以预见到的，因为在其他地方已有沉痛的教训。猫本来对于杀虫剂都非常敏感，由此看来对狄氏剂尤其敏感。世界卫生组织在爪哇西部展开的抗疟行动中，报道有很多猫死了。爪哇的中部也有很多猫被杀死，以至于一只猫的价格增加了两倍以上。同样，在委内瑞拉喷撒药物后，世界卫生组织也报告说猫减少到成为一种稀有动物。

不仅野生物，连家禽都在希尔顿消灭昆虫的运动中被杀死了。对于几群羊和牛所做的观察表明，它们已经中毒或死亡。自然历史调查所的报告中对这些事件中的一件做了详细描述：羊群横穿过一条铺满沙砾的路，从一片曾在 5 月 6 日被撒过狄氏剂的田野被赶到另一片未撒药的、长着一种优良野生牧草的小牧场上。很显然，一些喷撒的药粉越过了道路飘到牧场上，那群羊几乎是马上就表现出了中毒的症状……它们对食物失去兴趣，表现出极度不安，沿着牧场篱笆转圈，看上去是想要找路出逃……它们拒绝听从牧羊人的命令，不停地叫着，站在那耷拉着头。最后，它们还是被带出了牧场……它们极想喝水。在穿过牧场的溪水中发现了两只死羊，留下的羊多次被赶出那条溪流，有几只羊不得不被大力地从水里拉出来。有三只羊最终死了，那些留下来的羊最终得到了恢复。

这就是1955年底的状况。虽然化学战争连续进行了多年，然而研究工作资金的细流已完全干涸。进行野生生物与昆虫杀虫剂关系研究所需的资金，被包含在一个年度预算里。这个年度预算是由自然历史调查所提交给伊利诺伊州议会的，但这笔预算肯定是一开始就被排除了。直到1960年，才发现钱不知怎么支付给了一个在野外工作的助手——而他一个人干了需要四个人才能完成的工作。

当生物学家于1955年重新开始一度中断的研究时，野生生物遭受损失后的情况丝毫没有改变。这时所用的化学药物已变为毒性更强的艾氏剂。鹌鹑实验表明，艾氏剂的毒性为DDT的一百到三百倍。到1960年，栖居在这个区域中的各种野生哺乳动物损失惨重。而鸟类的情况更糟糕。在唐纳文这座小镇里，知更鸟已经绝迹，白头翁、燕八哥、长尾鲨鸟的情况也好不到哪去。而在其他地方，各种鸟类大幅减少。打野鸡的猎人强烈地感受到了这一甲虫战役的后果。在用药粉处理过的土地上，鸟窝的数目减少了几乎百分之五十，一窝中孵出的雏鸟数目也大幅减少。仅仅在几年前，这些地方还是狩猎野鸡的好地方，现在由于来打野鸡的猎人总是一无所获，就很少来了。这个地方变得无人问津了。

尽管以消灭日本甲虫的名义发动了大规模行动，尽管在易洛魁县八年多时间内对十万多英亩土地进行了化学处理，其结果看来仅仅是暂时限制了这种昆虫，日本甲虫还在继续向西移动。很可能永远不会知道这个没有效果的计划到底收取了多少费用，因为由伊利诺伊州的生物学家所测定的结果仅是估算出来的一个最小值。假若给研究计划提供充足的资金，而又允许全面报道的话，那么，所揭露出来的被破坏的情况就会更加骇人听闻。但在执行计划的八年时间内，为生物学野外研究所提供的资金仅有六千美元。与此同时，联邦政府为喷撒农药控制甲虫花费了近735000美元，并且州立政府还追加了几千美元。这样算来，生物学野外研究所的全部研究费用仅是用于化学喷撒计划费用的百分之一。

中西部的喷药计划一直是在一种紧迫恐慌的情绪下进行的，就好像甲虫的蔓延已经到了迫在眉睫的地步，为击退甲虫可以不择手段。这当然不符合实际情况，而且，如果这些忍受着化学药物侵害的村镇熟知日本甲虫在美国的早期历史的话，他们就肯定不会默许这样干了。

东部各州的运气要好些，它们在人工合成杀虫剂发明之前就遭到了甲虫的入侵，它们不仅避免了毒药的危害，而且采用了对其他生物没有危害的手段控制住了日本甲虫。在东部没有任何地方像底特律和希尔顿那样播撒化学药物。东部所采用的有效方法包括利用自然控制手段，这些自然控制手段的效果具有永久控制和环境安全的多重优越性。

在甲虫进入美国的最初十多年时间里，甲虫由于失去了在它的故乡的自然因素的限制而迅速发展起来。但到了 1945 年，在甲虫蔓延所及的大部分区域，它已变成一种不大重要的害虫。这主要是由于从远东引进的一种寄生虫，还有能导致甲虫机体患上致命疾病的因素。

在 1920 年到 1933 年间，在对日本甲虫的出生地进行了广泛而辛勤的调查后，从东方国家进口了三十四种捕食性昆虫和寄生性昆虫，希望建立对日本甲虫的天然控制。其中有五种已在美国东部定居。最有效和分布最广的是来自朝鲜和中国的一种寄生性黄蜂。雌蜂在土壤中发现一个甲虫幼虫后，会对幼虫注射使其瘫痪的液体，同时将一枚卵产在幼虫的表皮下。蜂卵孵化成了幼虫，这个幼虫就以麻痹了的甲虫幼虫为食，直到把它吃光。在大约二十五年的时间里，这种蜂群按照州与联邦机构的联合计划被引进到东部十四个州。现在，这种黄蜂在这个区域已广泛定居下来，并且由于它们在控制甲虫方面的效果，普遍为昆虫学家们所信任。

一种细菌性疾病发挥了更为重要的作用，这种疾病主要影响甲虫科，而日本甲虫就属金龟子科。这是一种非常特殊的细菌——它不侵害其他类型的昆虫，对蚯蚓、温血动物和植物均无害。这种细菌的孢子存在于土壤中，当孢子被觅食的甲虫幼虫吞食后，它们就会在甲虫幼虫的血液中惊人地繁殖起来，致使幼虫变成白色，因此俗称为"牛奶病"。

1933 年在新泽西首先发现了这种牛奶病，到 1938 年，这种病已蔓延到日本甲虫繁殖的各个领地。到了 1939 年，为促使该病更快地传播，开始执行一个控制计划。还没有发现一种人工方法能加快这种致病细菌的生长，却找到了另外一种满意的替代办法：把被细菌感染的甲虫幼虫磨碎、干燥，并与白土混合起来。按标准，一克土内应含有一亿个孢子。在 1939 年至 1953 年期间，东部十四个州大约 94000 英亩土地按照联邦与州的合作计划进行了处理，之后再在其他区域进行了处理。

另外一些不被人们熟知的、更广阔的地区也被私人组织或者个人进行了处理。到了 1945 年，牛奶病已在康涅狄格、纽约、新泽西、特拉华和马里兰州的甲虫中流行开来。在一些实验区域中，甲虫幼虫受感染率高达 94%。这一工作作为一个政府项目，于 1953 年终止了，但它作为一项产业被一个私人实验室承包下来。这个私人实验室继续为个人、公园俱乐部、居民协会以及其他需要控制甲虫的人提供这种细菌孢子。

那些曾实行此计划的东部各区靠这种自然生物控制法对付日本甲虫，现在高枕无忧。这种细菌能在土壤中存活很多年，因此，这种细菌被自然传播，已经永久地在这里生存下来。

然而，为什么在东部给人留下深刻印象的这些有效经验，无法被正狂热地对甲虫进行化学战的伊利诺伊州和中西部各州接受呢？有人告诉我们，用牛奶病孢子进行接种"太昂贵"了，然而在 40 年代东部十四个州并没有人提到这点。而且，这一"太昂贵"的评价是根据什么计算方法得到的呢？我想，显然不是依据如同希尔顿的喷撒计划所造成的那种全面毁灭的结果。这个评价同样未考虑这一事实——接种孢子仅需一次，是第一次产生的费用也是唯一的费用。

也有人告诉我们，牛奶病孢子不能在甲虫分布的边缘地区使用，因为只有在土壤中已有大量甲虫幼虫存在，牛奶病孢子才能定居下来。像对那些支持喷药的声明一样，这种说法也值得怀疑。已发现引起牛奶病的细菌至少可以对四十种其他种类甲虫起作用。这些甲虫分布广泛，即使在日本甲虫数量很少或完全不存在的地方，该细菌也完全可能传播甲虫疾病。而且，由于孢子在土壤中有长期存活的能力，它们甚至可以在幼虫完全不存在的情况下继续存活，蛰伏下来等待时机，那么在目前甲虫蔓延的边缘地区一样能够做到。

那些不计代价而希望立即获得结果的人，会毫不犹豫地继续展开他们的化学药物战争。同样有一些人倾心于化学药物战争，他们愿意反复操作和花钱，以使化学药物控制昆虫能持续下去。

当然，那些愿意等待一两个季度的时间来获得一个圆满结果的人，将转向去通过牛奶病来达到目的。他们将会得到一个对甲虫彻底控制的结果，并且这种控制能力将不会随着时间的流逝而丧失。

一个广泛的研究计划正在伊利诺伊州的皮奥瑞亚美国农业部实验室中展开，该计划的目的是，找出一种人工培养牛奶病细菌的方法。这将大大降低它的成本，并促进它更广泛地被使用。经过数年的努力，现在这项工作已取得了初步成果。当这个"突破"完全实现时，可能理智和远见能使我们更好地对付日本甲虫。这些甲虫在极端猖獗时一直是中西部化学控制计划的噩梦。

像伊利诺伊州东部喷撒农药这样的行为提出了一个不仅是科学上的，而且也是道义上的问题。这个问题就是：任何文明是否能够对生命发动一场无情的战争而不毁掉自己，同时也不失掉文明应有的尊严。

这些杀虫剂的毒效并不具有选择性，它们无法专一地杀死那种我们希望除去的特定昆虫。每种杀虫剂之所以被使用只是基于一个简单的理由，即，它是一种致死毒物。因此，它只能不加区别地毒害所有与之接触的生命，如，一些家庭驯养的可爱的猫、农民的耕牛、田野里的兔子和高空飞翔的云雀。这些生物对人没有任何危害。实际上，正是由于这些生物及其伙伴们的存在，才使得人类的生活丰富多彩。然而，人们却这样不问青红皂白地用突然致死来"酬谢"它们。在希尔顿，一些科学观察者描述了一只百灵鸟的垂死状态："它侧躺着，显然肌肉已经失去协调能力。它不能飞，也无法站立，但它不停地拍打着翅膀，并紧紧收缩起它的爪子。它张着嘴，吃力地呼吸着。"更为触目惊心的是快要死去的田鼠默默无言的情景，它"表现出了死前的症状，背弯下了，握紧的前爪缩在胸前……它的头和脖子往外伸，嘴里含有脏东西，让人忍不住想象这个奄奄一息的小动物曾经是怎样啃噬着地面。"

由于我们竟然能默认对活生生的生命这样残忍，作为人类，我们中有谁不曾降低我们作为人的人格呢？

第八章　再也没有鸟儿歌唱

当越来越多的知更鸟飞来时，森林开始萌发绿意，成千上万的人们会在清晨等着聆听知更鸟在黎明时合唱的第一支曲子。

在现在的美国，越来越多的地方已没有飞来报春的小鸟；清晨，再也听不到原来到处可以听到的鸟儿美妙的歌声；现在只有寂静。鸟儿的歌声沉寂了，它们为我们这个世界带来的色彩、美丽和快乐也突然消失，那些还没来得及感受它们带来的美好的地方和人们，对此将浑然不知。鸟儿就这样悄然离去，好像从没在这个世界上出现过。

一位家庭妇女在绝望中从伊利诺伊州的赫斯台尔城给世界著名鸟类学家、美国自然历史博物馆鸟类名誉馆长罗伯特·库什曼·墨菲写信控诉说——

"在我们的村子里，好几年来一直在给榆树喷药。（这封信写于1958年）六年前当我们刚搬到这儿时，这儿的鸟儿多极了，于是我就干起了饲养工作。在整个冬天，北美红雀、山雀、绵毛鸟和五十雀接连不断地从我们这里飞过；而到了夏天，红雀和山雀又会带着小鸟飞回来。

在被喷了DDT几年后，这个城几乎没有了知更鸟和燕八哥；在我的饲鸟架上已有两年时间看不到山雀了，到了今年红雀也不见了；在我邻居那筑巢的鸟看起来仅有一对鸽子，可能还有一窝猫鹊。

孩子们在学校里已经学到了联邦法律是保护鸟类免受捕杀的，所以，我不知道怎样向他们解释鸟儿的情况。它们还会回来吗？孩子问我，可我不知道怎样回答他们。榆树正在死去，鸟儿也一样。有谁采取什么措施了吗？我能做些什么呢？"

在联邦政府为了对付火蚁开始执行大规模的喷撒药物的计划后的一年里，一位亚拉巴马州的妇女写道，我们这个地方大半个世纪以来一直是鸟儿的天堂，去年七月一下子飞来了很多的鸟儿。可突然间，在八月的第二个星期里，所有的鸟儿都不见了。我习惯于每天早早起来喂养我心爱的已有一只小马驹的母马,但听不到一点儿鸟叫声。这让人觉得奇怪也很害怕。人们对美丽的世界做了什么?后来,直到五个月后我才看到一只蓝色樫鸟和一只鹪鹩。

在这位妇女所提到的那个秋天里,美国南部地区传出一些让人担忧的消息。一些报告来自密西西比州、路易斯安那州和亚拉巴马州边远的南部。由国家阿杜邦学会和美国渔业及野生动物服务处出版的季刊《野外纪事》记录说,在这个国家的某些地区,鸟类全部消失了。《野外纪事》是由一些有经验的观察家所写的报告编纂而成的,这些观察家在特定地区的野外调查中花费了多年时间,并对这些地区的正常鸟类生活具有最卓越的知识。其中一位观察家报告说,那年秋天,她在密西西比州南部开车行驶了很长时间,但根本没遇到一只鸟。另外一位来自巴顿的观察家报告说:她所布放的喂食器放在那儿几个星期,始终没有鸟儿来动过;她院子里的灌木以前这个时候灌木的果实早就被鸟儿吃光了,可现在浆果累累。另外一位观察家报告说,他的窗口从前常常是由四十或五十只红雀和大群其他各种鸟儿构成的一幅碎花点似的图画,而现在很难看到鸟儿出现。西弗吉尼亚大学教授莫里斯·布鲁克斯,亚拉巴马地区的一位鸟类权威,他报告说,西弗吉尼亚鸟类数量的减少是令人难以置信的。

这里有一个故事可以作为鸟儿悲惨命运的象征——这种命运已经征服了一些种类,并正威胁着所有的鸟类。这个故事就是众所周知的知更鸟的故事。对千百万美国人来说,第一只知更鸟的出现意味着冬天的河流的解冻。知更鸟的到来总是会成为一条新闻被刊登在报纸上,并且也是人们餐桌上谈论最多的话题。当越来越多的知更鸟飞来时,森林开始萌发绿意,成千上万的人们会在清晨等着聆听知更鸟在黎明时合唱的第一支曲子。那时候,美妙的音符在明媚的阳光上跳动。然而现在,一切都变了,甚至连鸟儿飞来都成了稀罕的事。

知更鸟,还有很多其他鸟儿的命运看来和美国榆树休戚相关。从大西洋沿岸到落基山脉,这种榆树是成千上万城镇历史的一部分,它以庄严的绿色拱卫并装点了街道、村舍、广场和校园。如今榆树病了,它们患上了一种奇怪的病,而且这种病蔓延到了所有榆树生长的区域。这种病是如此严重,以致专家们在竭尽全力救治后不得不承认,他们的努力是徒劳无益的。失去榆树已经是可悲的了,但是假若在抢救榆树的徒劳努力中,我们的绝大部分的鸟儿也因此遭遇灭顶之灾的话,那将是加倍的悲惨。而这正是目前我们面临的威胁。

所谓的荷兰榆树病大约是在 1930 年从欧洲进口镶板工业用的榆木段时，被带进美国的。这是由一种菌类引起的疾病。这种菌侵入到树木的输水导管中，其孢子借助树的汁液的流动扩散，由于会分泌一种有毒成分，并具有堵塞作用，而导致树枝枯萎，使榆树死亡。该病通过榆树皮下的甲虫传导，从一棵树到另一棵。这种甲虫在死去的树皮下开凿通道，帮助了入侵的菌，这种菌的芽孢会附着在甲虫身上，随着甲虫的飞行到处传播。控制这种榆树病的主要方法是控制传播媒介——甲虫，于是，在美国榆树集中的地区，尤其是美国中西部和新英格兰地区，展开了大规模喷药的行动。

　　密歇根州立大学的两位鸟类专家首先发现了喷药对鸟类尤其是知更鸟的影响。他们分别是乔治·华莱士教授和他的学生约翰·麦纳。当麦纳先生于 1954 年开始准备他的博士论文时，他选择了一个关于知更鸟种群的研究课题。这完全是一个巧合，因为在那时还没有人会认为知更鸟处在危险中。但正当他的这项研究开始时，事情发生了。正是这件事改变了他研究的课题的性质，并剥夺了他的研究对象。

　　对荷兰榆树病采取喷药防治开始于 1954 年，首先是在大学校园这样一个小范围内展开。但到了第二年，校园的喷药范围扩大了，把整个东兰辛城（该大学所在地）包括在内，并且计划把舞毒蛾和蚊子也包括进来。化学药雨最后到了倾盆而下的地步。

　　1954 年，也是首次少量喷药的那一年，最初的一切看上去都很顺利。到了第二年春天，迁徙的知更鸟像往年一样开始返回校园，就像汤姆林逊的散文《失去的树林》中的风信子一样，当它们回到自己熟悉的地方后，一点都没有"预感到不幸的存在"。但是，很快，就出现了不好的苗头。校园里开始出现死去和奄奄一息的知更鸟。在鸟儿过去经常觅食和群集栖息的地方，几乎都看不到一只鸟的存在，也看不到鸟儿在筑新的巢，几乎没有幼鸟出生。在以后的几个春天里，这一情况一再出现。喷过药的区域变成了一个致命的陷阱，这个陷阱只要一周时间就可将一批迁徙来的知更鸟全部消灭。然后，新来的鸟儿一样会掉进去，就这样，注定死亡的鸟儿不断增加；就这样，注定会死的鸟儿在校园里到处都能看到。它们在死亡前颤抖着、挣扎着。

　　华莱士教授说："那年春天，校园对于大多数想在这里找到住处的知更鸟来说成了它们的坟地。"可究竟为什么会这样呢？起初，他怀疑是由于鸟得了一种神经系统的疾病，但很快就发现"尽管那些使用杀虫剂的人们保证说喷药对'鸟类无害'，但那些知更鸟的确死于杀虫剂中毒。知更鸟表现出人们熟知的症状——失去平衡、战栗、惊厥、抽搐然后死亡"。

有些事实表明，知更鸟中毒并非是因为直接与杀虫剂接触，而是由于吃了蚯蚓所致。校园里的蚯蚓偶尔被用来喂养一个研究项目中使用的蝲蛄，然后有一些蝲蛄很快就死去了。另外，养在实验室笼子里的一条蛇在吃了这种蚯蚓后也出现剧烈颤抖的症状。要知道蚯蚓是知更鸟在春天的主要食物。

知更鸟的死亡之谜很快就由位于厄巴纳的伊利诺伊州自然历史考察所的罗·巴克博士填补上了最后一块拼图。巴克博士的一本著作在 1958 年出版，在该书中，他解决了该事件错综复杂的串联关系——知更鸟的命运通过蚯蚓被与榆树联系了起来。榆树在春天被喷了药剂后（通常按每五十英尺一棵树二到五磅 DDT 的比例进行用药，相当于在榆树密集的区域每英亩二十三磅的 DDT 用量），经常会在 7 月份再喷一次，浓度相对于第一次减半。强力的喷药器对准所有高大的树木上上下下喷一遍，它不仅直接杀死了目标物树皮甲虫，也杀死了其他昆虫，包括授粉的昆虫和捕食其他昆虫的蜘蛛及甲虫。药物在树叶和树皮上形成了一层黏而牢的薄膜，雨水也无法冲走。到了秋天，树叶落下后在地面堆积起一层潮湿的覆盖物，并开始了与土壤的混合过程。而这个过程中得到了蚯蚓的协助，榆树叶是蚯蚓最喜爱的食物之一，它们吃掉了叶子的碎屑。在吃掉叶子的同时，蚯蚓也把残留的杀虫剂吞食了下去，并在体内积累和浓缩。巴克博士在蚯蚓的消化管道、血管、神经和体壁中发现了 DDT 的沉积物。毫无疑问，一些蚯蚓抵抗不住毒剂死去了，但活下来的蚯蚓变成了毒剂的"生物放大器"。当春天来临，知更鸟飞回来时，这一个循环的下一个环节就开始进行。只要十一条较大的蚯蚓就可以传递给知更鸟足够致死的 DDT 药量。而十一条蚯蚓对一只知更鸟来说，仅仅是一天食量的很小一部分，一只知更鸟能在几分钟就吃掉十到十二条蚯蚓。

并不是所有的知更鸟都会摄入致死的剂量，但另一种后果肯定会如同致命的毒药一样导致它们的最终灭绝，因为这个后果是不孕。如今每年春天在密歇根州立大学的一百八十五英亩大的校园里，只能发现二三十只知更鸟，与之相比，喷药前在这儿粗略估计有三百七十只。在 1954 年由麦纳观察到的每一个知更鸟巢都能孵出幼鸟。到了 1957 年 6 月底，如果没有喷药的话，至少应该有三百七十只（成鸟数量的正常替代者）幼鸟在校园里觅食，然而，麦纳仅仅发现了一只知更鸟。一年后，华莱士教授在报告里写道："在（1958 年）春天和夏天里，我在校园任何地方都没发现一只知更鸟雏鸟，并且，到目前为止，我没听谁说看到过。"

当然，没有幼鸟出现的部分原因也可能是在营巢过程完成前，一对知更鸟中的一只或两只就已经死了。但华莱士博士引人注目的记录指出了一些更不祥的情况——鸟儿的生殖能力遭到损害。例如，他记录到了"知更鸟和其他鸟类造了窝却没有下蛋，即使是下了蛋也孵不出小鸟。我们记录到一只知更鸟，它信心十足地孵了二十一天，却没有雏鸟出壳，而它正常的孵出鸟来的时间为十三天……我们的分析结果显示，那些鸟的睾丸和卵巢中含有高浓度的DDT"。华莱士教授于1960年将此情况在国会做证说："十只雄鸟的睾丸里的DDT含量为百万分之三十至百万分之一百零九，两只雌鸟的卵巢的卵滤泡中则含有百万分之一百五十至百万分之二百一十一的DDT。"

紧接着，其他区域的研究报告也得出了同样令人担忧的结果。威斯康星大学的尤素福·西基教授和他的学生们对喷药区和未喷药区进行了仔细的比对研究，他们报告说："知更鸟的死亡率至少是百分之八十六到百分之八十八。"在密歇根州布鲁费尔德百花山旁的克兰布鲁克研究所曾努力评估鸟类由于榆树喷药而遭受损失的程度，它于1956年要求把所有被认为死于DDT中毒的鸟都送到研究所进行化验分析。这一要求得到了一个完全意外的结果，在几个星期内，研究所里长期不用的仪器被运转到最大负荷，以致不得不拒绝继续接受新的样品。1959年，仅一个村镇就报告或交来了一千只中毒的鸟儿。虽然知更鸟是主要受害者（一个妇女打电话向研究所报告说，当她打电话的时候已有十二只知更鸟在她的草坪上躺着死去），但包括六十三种其他种类的鸟类也在研究所被进行了检测。因此，知更鸟仅是与榆树喷药有关的破坏性连锁反应中的一部分，而榆树喷药计划又仅仅是各种各样以毒药覆盖大地的喷药计划中的一种。约九十多种鸟蒙受严重损失，其中包括那些对于郊外居民和大自然业余爱好者来说最熟悉的鸟儿。在一些喷过药的城镇里，筑巢的鸟的数量通常会减少百分之九十。我们将会看到，各种各样的鸟都受到影响——在地面上觅食的鸟，在树梢上觅食的鸟，在树皮上觅食的鸟和那些猛禽。

完全有理由推想所有以蚯蚓和其他土壤生物为食的鸟和哺乳动物，都和知更鸟一样受到了威胁。约有四十五种鸟儿以蚯蚓为食，山鹬是其中的一种，这种鸟儿一直都是在近来被七氯严重污染的南方过冬。现在，在山鹬身上有了两点重要发现：在新布朗维克孵育场中，幼鸟的数量明显减少，而对成鸟的分析结果显示体内含有大量 DDT 和七氯残毒。

已经有令人不安的记录报道，二十多种地面寻食鸟大量死亡。这些鸟的食物——蠕虫、蚁、幼虫或其他土壤生物已经有毒。其中包括三种画眉——橄榄背鸟、黄褐鸫鸟和隐居鸫，它们的歌声在鸟儿中是最优美动听的。还有那些轻轻掠过森林地带繁茂的灌木，并带着沙沙响声在落叶里觅食的麻雀，以及那些会唱歌的歌雀和白领鸟，也都成了榆树喷药的受害者。

同样，哺乳动物也很容易直接或间接地被卷入这一连锁反应中。蚯蚓是浣熊的食物中较重要的一种，并且袋鼠在春天和秋天也常以蚯蚓为食。像地鼠和鼹鼠这样在地下生活的动物，也会捕食一些蚯蚓，然后就可能再把毒物传递给鸣角鸮和仓鸮这类猛禽。在威斯康星州，当一场春天的暴雨过后就发现了几只死去的鸣角鸮，它们很可能是吃了蚯蚓中毒而死的。还发现一些鹰和猫头鹰出现抽搐，其中有长角猫头鹰、鸣角鸮、赤肩鹰、食雀鹰、沼地鹰。它们可能是由于吃了那些在肝和其他器官中积累了杀虫剂的鸟类和老鼠而引起的二次中毒。

因榆树喷药受害的鸟类，不仅仅局限于那些在地面上觅食的鸟类，或是捕食那些榆树喷药受害者的鸟的猛禽。那些在树上觅食昆虫的鸟，例如，那些被称为"森林的精灵"的红冠和金冠的鹪鹩，很小的食虫鸣雀和那些在春天成群穿过树林的色彩斑斓的鸣禽，所有在枝头和树叶中搜寻昆虫为食的鸟都从大量喷药的地区消失了。1956 年暮春时节，由于推迟了喷药时间，所以喷药时恰好遇上大群鸣禽的迁徙，结果几乎所有飞过该地区的鸣禽都被杀死。在威斯康星州的白鱼湾，正常年份至少能看到一千只迁徙的桃金娘鸣鸟，而在对榆树喷药后的 1958 年，观察者们只看到了两只。加上别的地方的统计数据，遭到农药杀害的包括那些最受人们喜爱的黑白林莺、金翅雀、木兰林莺和栗颊林莺，还有那些在五月里放声歌唱的加拿大林莺、黑喉绿林莺。这些在枝头觅食的鸟要么是因为吃了有毒昆虫而直接受到影响，要么是由于缺少食物而间接受到影响。

食物的缺失也沉重打击了那些总是在天空徘徊的燕子，它们像青鱼奋力捕捉大海中的浮游生物一样拼命搜寻空中的昆虫。威斯康星州的一位博物学家报告说："燕子遭受了严重伤害。每个人都在抱怨跟四五年前相比，现在的燕子太少了。仅在四年之前，我们头顶的天空中曾满是飞舞的燕子，现在已难得看到它们了……这可能是由于喷药使昆虫减少，燕子缺少食物，也可能是因为燕子吞食了有毒的昆虫所致。"

述及其他鸟类，这位观察家这样写道："另一种遭到严重损害的鹌已经在很多地方绝迹，而菲比鸟也很少能见到了。今年整个春天我只看到了一只，去年也是这样。威斯康星州的其他捕鸟人也有同样的抱怨。我过去曾养了五六对北美红雀鸟，而现在一只也没有了。鹩鹩、知更鸟、猫声鸟和鸣枭每年都会来我们花园里筑巢，现在一只也没有。夏天的清晨已没有了鸟儿的歌声，只剩下害鸟、鸽子、燕八哥和英格兰麻雀。这太悲惨了，让人无法接受。"

在秋天对榆树进行定期喷药，使毒药渗入树皮的每个小缝隙中，这大概是下述鸟类数量急骤减少的原因。这些鸟是山雀、五子雀、花雀、啄木鸟和褐喉旋木雀。在1957年至1958年的那个冬天，华莱士教授多年来第一次发现在他家的饲鸟处没看到山雀和五十雀。他后来从所发现的三只五十雀身上总结出一个因果关系和令人痛心的事实：一只五十雀正在榆树上啄食，另一只因患DDT特有的中毒症就要死去，还有只已经死了。后来检查出在死去的五十雀的组织里含有百万分之二百二十六的DDT。

向昆虫喷药后，所有这些鸟儿的觅食习惯不仅让它们本身特别容易受害，而且在经济方面及别的不太显著的方面造成的损失也是极其惨重的。例如，白胸脯的五十雀和褐喉旋木雀的夏季食物就包括大量对树木有害的昆虫的卵、幼虫和成虫。山雀四分之三的食物是动物性的，包括处于各个生长阶段的多种昆虫。山雀的觅食方式在描写北美鸟类的不朽著作《生命历史》中有所记述："当一群山雀飞到树上时，每一只鸟儿都仔细地在树皮、细枝和树干上搜寻，以找到一点儿食物（蜘蛛卵、茧或其他冬眠的昆虫）。"

许多科学研究已证实，鸟类对昆虫有着很关键的控制作用。啄木鸟是恩格曼云杉甲虫的主要控制者，它能使这种甲虫的数量减少百分之四十五至百分之九十八，并对苹果园里的卷叶蛾有着很有效的抑制作用。而山雀和其他冬天的留鸟可以保护果园使其免受尺蠖之类的昆虫的危害。

但这一切已不可能在现在的这个被化学药物浸透的世界里存在了，在这个世界喷药不仅杀死了昆虫，也同时杀死了它们的主要天敌——鸟类。如同往常所发生的一样，后来当昆虫的数量重新恢复时，却再也没有鸟类来控制昆虫的数量了。密尔沃基公共博物馆鸟类馆的馆长欧文·格洛梅投稿《密尔沃基日报》写道："昆虫的最大天敌是捕食性昆虫、鸟类和一些小型哺乳动物，但DDT不加区别地杀害一切，其中包括大自然本身的卫兵和警察……我们是否需要这样借助进步的名义穷凶极恶地去控制昆虫，最终使自己成为自己的受害者？这种控制只能得到短暂的满足，都必定会以失败告终。到那时，我们再用什么方法来控制新的害虫呢？榆树被毁灭，大自然的卫兵鸟类中毒死尽。到那时就只剩下这些损害树木的。"

格洛梅先生还说，自从威斯康星州开始喷药以来，在这几年中报告鸟类死亡的电话和信件与日俱增。人们开始质问，为什么在喷过药的地区鸟儿都快要死绝了。

美国中西部的大部分研究中心的鸟类学家和观察家都跟格洛梅的观点一致，如密歇根州布鲁克研究所、伊利诺伊州自然历史调查所和威斯康星大学。只要看一眼正在喷药的地区的报纸的读者来信栏，都会清楚地看出这样一个事实：居民们不仅已经开始觉醒，并且也开始感到愤怒。而且他们比那些命令喷药的官员对喷药的危害和不合理性有更深的认识。密尔沃基的一位妇女这样写道："我真担心我们后院美丽的鸟儿都要死去的日子眼下就要到来了。这是一件让人感到悲伤又可怜的事情……而且令人失望和愤怒的是，它显然还没达到这场屠杀的目的……从长远来看，你难道能在不保住鸟儿的情况下保住树木吗？在大自然的有机体中，它们不是相互依存的吗？难道不可以不去破坏大自然而帮助大自然恢复平衡吗？"

在其他的来信中也有人这样说："榆树虽然是威严高大的树木，但它并不是印度的'神牛'，没有理由为了榆树伤害其他生命。"而威斯康星州另一位妇女这样写道："我一直都喜欢榆树，它们是我们这里的象征。但树木的种类还有很多……我们也必须保护我们的鸟儿。谁能够想象一个失去了知更鸟歌声的春天？那该是多沉闷、无趣呢！"

我们是要鸟儿还是要榆树呢？在一般人看来，这是一个非此即彼的选择，显得很简单。但事情远没有这样简单。对于化学药物控制有很多很有趣的讽刺的话，其中一句很有代表性，那就是，假若我们现在继续沿着这条长驱直入的道路走下去的话，我们最后很可能既无鸟儿也无榆树。化学喷药正在杀死鸟儿，却无法拯救榆树。希望喷雾器能拯救榆树的幻想是一种自欺欺人的玩火，它正在使一个又一个的村镇陷入巨大资金开支的泥潭，而根本无法得到想要的持久效果。康涅狄格州的格林尼治有规律地喷了十年农药，然而一个干旱的年头就使得甲虫疯狂生长，榆树的死亡率一下子上升了十倍。在伊利诺伊州州立大学的所在地厄尔巴，荷兰榆树病在1951年出现后，1953年进行了化学药物防治。到1959年，尽管喷药已进行了六年之久，但学校的校园里仍失去了百分之八十六的榆树，其中一半是荷兰榆树病的牺牲品。

在俄亥俄州托莱多市，同样的情况促使林业部的管理人 J.A. 斯维尼对喷药采取了一种现实主义的态度。那里从 1953 年开始执行喷药计划，一直持续到 1959 年仍在进行。斯维尼先生注意到，在"书本与权威机构"的建议下喷药后，棉枫藓的大规模蔓延更为严重了。他决定亲自去检查对荷兰榆树病喷药的结果。他的发现使他大吃一惊。他发现："在托莱多市，我们采取果断措施移走有病或遭受虫害的树的地区是我们唯一能控制的区域，而我们使用了化学喷药的地方，榆树病却得不到控制。在美国乡村，那些没有采取任何措施的地方，榆树病的蔓延速度并不像城市里那样迅速。这一情况表明，化学药物的喷洒反而消灭了榆树病的所有天然的敌人。我们为此正在放弃喷洒药物治疗荷兰榆树病，但这样一来，我们就跟那些支持美国农业部主张的人发生了冲突。但是我手上有事实为证，因此我将会坚持我的观点。"

这些中西部的城镇仅仅是在最近才出现了榆树疾病，竟然也要这样不假思索地参与雄心勃勃而又昂贵的喷药计划，而完全不去借鉴别的地方已有的经验，这一点很难让人理解。例如，纽约州就有控制荷兰榆树病的长期经验。因为带病的榆木就是 1930 年由纽约港进入美国的。纽约州至今还保存着一份令人难忘的有关防治和消灭这种疾病的记录。他们并没有依赖药物，事实上，该州的农业推广局并不建议社区采用化学药物。

那么，纽约州是怎样取得这样骄人的战绩的呢？从开始应对榆树病的第一天开始，该州就一直坚持依靠严格的防卫措施，即迅速转移和毁掉所有受感染或已经患病的树木。开始时，结果令人失望，不过这只是一开始人们没有认识到不仅要把有病的树摧毁，而且应把甲虫有可能产下卵的所有榆树都销毁。受感染的榆树被砍下并作为木柴存放起来，但只要在开春前不烧掉，就会产生许多带菌的甲虫。等到甲虫从冬眠中醒来，并在四月末和五月初开始觅食，成虫就会传播荷兰榆树病。经验告诉纽约州的昆虫学家们，什么样的甲虫产了卵在木材上，这种木材就容易传播疾病。他们通过把这些木材集中起来加以处理，就不仅能有效防止疾病的传播，而且能使费用保持在合理的范围内。到 1950 年，纽约市把荷兰榆树病的发病率降低到该市所拥有的五万五千棵榆树的百分之零点二。1942 年，威斯切斯特县发动了一场防卫运动。在其后的十四年里，榆树的平均损失量每年仅是百分之一。拥有十八万棵榆树的水牛城，由于开展了防卫工作，近年来损失仅为百分之一不到，成为了控制这种疾病的卓越纪录。换而言之，按照这样的损失速度，水牛城的榆树全部损失掉将需要三百年时间。

雪城的情况尤其引人注目。1957 年之前，那里一直没有采取有效的措施，因此在 1951 年至 1956 年期间，雪城损失了将近三千棵榆树。之后，在纽约州州立大学林学院的霍华德·米勒的指导下，大力清除了所有患病的榆树和可供甲虫繁殖的榆木，现在榆树的损失速度已降到了百分之一。

在控制荷兰榆树病上，纽约州的专家们强调了预防方法的经济性。纽约州农学院的 J.G. 马蒂斯这样说："在绝大多数情况下，实际的花费比预想的要小很多。作为一种防止财产损失和人身受害的预防措施，如果是死去的树枝，就要把它移除。如果是一堆劈柴，那就应该在春天到来前烧掉，树皮可以剥去，或将这些木头贮存在干燥的地方。对于正在死去或已经死去的榆树，为了防止荷兰榆树病的传播，迅速移除的成本不比延后处理的更高，因为大部分死去的树最后都是要被清除的。"

因此，只要采取明智的措施，防治荷兰榆树病并不是完全没有希望。尽管目前还没有彻底根除的办法，但只要当某一地区出现问题，就马上采取措施加以控制，就没有必要采取既无效果又会对鸟类造成巨大伤害的方法。森林遗传学领域还提供了很多别的可能性，实验证明能研制出一种对荷兰榆树病具有免疫能力的杂交榆树。欧洲榆树抵抗力很强，在华盛顿哥伦比亚特区已种植了许多这种树。即使在城市榆树绝大部分都受到疾病影响时，这些欧洲榆树也很少受到荷兰榆树病的影响。在那些正在失去大量榆树的地方，需要通过一个紧急育林计划来移植树木。这一点是重要的，尽管这些计划可能已考虑到把抵抗力强的欧洲榆树包括在内，但这些计划更应侧重于建立树种的多样性，这样，将来的流行病就不会夺去一个地方的所有树木了。一个健康的植物或动物群落的关键所在，正如英国生态学家查理·埃尔顿所说，是在于"保持生物的多样性"。现在所发生的一切在很大程度上都是由于在过去几代中生物单纯化的结果。甚至在一代人之前，还没有人知道，在大片土地上种植单一种类的植物会造成灾难。于是，所有城镇的街道上和公园里都种上了榆树。如今可好，榆树死了，鸟儿也死了。

像知更鸟一样，美国的另外一种鸟看起来也濒临绝灭了，那就是国家的象征——鹰。在过去的十年中，鹰的数量在惊人地减少。事实说明，这是因为鹰的生活环境中有一些因素引起生态发生了变化，从而摧毁了鹰的繁殖能力。但究竟是什么因素，目前还无法确定，但有证据表明杀虫剂难逃其责。

在北美被研究得最彻底的一个鹰的品种，是沿佛罗里达西海岸从坦帕到迈尔斯一线筑巢的鹰。有一位来自温尼伯的退休银行家查理·布罗利先生，在 1939 年至 1949 年期间，为一千多只小秃鹰做了标记，他因此在鸟类学领域享有盛名。（在这之前，鸟类标记历史中只有一百六十六只鹰被绑上了鸟环做过标记。）布罗利先生在鹰离开它们的巢穴前为雏鹰做上标记。以后的统计表明，这些在佛罗里达出生的鹰会沿海岸线向北飞入加拿大，最远至爱德华王子岛。之前人们一直认为这些鹰是不迁徙的。秋天，它们会返回南方，人们可以在宾夕法尼亚东部的霍克山山顶的有利位置对它们的迁徙活动进行观察。

在布罗利先生为鹰做标记的最初几年里，他在他所选择作为研究对象的这段海岸线上，每年都能发现一百二十五个鹰巢，每年被标记的小鹰约为一百五十只。到了 1947 年，小鹰的出生数开始下降。一些鹰巢里根本没有蛋，其中一些有蛋的窝里也没有雏鹰被孵出。在 1952 年至 1957 年间，近百分之八十的窝没有雏鹰孵出。这段时间的最后一年，仅有四十三个鹰巢还有鹰居住，其中七个窝里孵出了幼鹰（八只小鹰）；二十三个窝里有蛋，但没有孵出小鹰；十三个窝只不过作为大鹰觅食的歇脚地，根本没有蛋。1958 年，布罗利先生沿海岸长途跋涉一百英里才发现了一只小鹰，并给它做了标记。1957 年时，他还可以在四十三个巢里看到成鹰，而这时他仅在十个巢里看到有成鹰。

虽然布罗利先生于 1959 年去世，终止了这个有价值的连续性系统观察，但由佛罗里达州阿杜邦学会和新泽西、宾夕法尼亚州发表的报告证实了鹰的数量处于不断减少的趋势，这种趋势很可能迫使我们不得不重新寻找一种新的国家象征。鹰山自然保护区的负责人莫理斯·布朗的报告尤其引人注目。鹰山是宾夕法尼亚州东南部的一个美丽如画的山脊区，在那儿，阿巴拉契亚山脉的东部山脊形成了阻挡西风吹向沿海平原的一道屏障。风在遇到山脉的阻碍后偏斜着向上，所以，在秋天的许多日子里，这儿持续上升的气流能使阔翅鹰和鸳鹰不需要花费气力就可以盘旋翱翔很长一段时间，它们在向南方的迁徙中，一天可以飞很长的路程。山脊在霍克山区聚拢起来，而岭中的航道也是一样在这里会聚。其结果是从广阔的北方飞回的鸟都在这一交通繁忙的狭窄要塞会聚。

在莫理斯·布朗作为自然保护区管理人的二十多年时间里，他所观察到并记录下来的鹰比任何一个美国人都多。秃鹰迁徙的高潮是在八月底和九月初。这些鹰被认为是在北方度过夏天，然后返回它们出生地的佛罗里达。（深秋和初冬时，还会有一些体型更大的鹰飞过这里，飞往一个未知的地方过冬，它们被认为是属于另一个北方品种。）在设立禁猎区的最初几年里，从 1935 年至 1939 年，被观察到的鹰有百分之四十是一岁大，这很容易从它们深色的羽毛辨认出来。但在最近几年，这类未成熟的鹰已很少能见到了。在 1955 年至 1959 年间，这些幼鹰仅占鹰总数的百分之二十，而在 1957 年一年中，每三十二只鹰里仅有一只是幼鹰。

鹰山观测点的观察结果与其他地方的发现是一致的。其中一份报告来自伊利诺伊州自然资源协会的官员埃尔顿·福克斯。可能在北方筑巢的鹰会在密西西比河和伊利诺伊河沿岸越冬。福克斯先生在 1958 年报告说，在最近统计的五十九只鹰中仅有一只是幼鹰。世界上唯一的鹰的禁猎区——萨斯奎汉河的蒙特·约翰逊岛上出现了鹰死亡的情况。这个岛虽然仅在康诺云格大坝上游八英里，离兰开斯特郡只有大约半英里，但它仍保留着原始的状态。从 1934 年开始，兰开斯特的一个鸟类学家兼禁猎区管理人赫伯特·伯克教授就一直对这儿的一个鹰巢进行着持续性观察。1935 年至 1947 年间幼鸟被孵出的情况是规律的，并且都是成功的。但从 1947 年起，虽然都有成年的鹰居住，并且产下了蛋，却没有幼鹰出生。

蒙特·约翰逊岛上的情况与佛罗里达的一样，都出现了同样的问题——一些成年鹰栖息在巢里，产下了一些蛋，却几乎没有雏鹰出现。对此很可能只有一种解释，那就是某种环境因素导致了鹰的繁殖能力下降，造成雏鹰无法被孵出。

由美国鱼类及野生物服务处的著名的詹姆斯·大卫博士所进行的多种实验证明，这种情况可以通过人为方式造成。大卫博士进行了一系列杀虫剂对野鸡和鹌鹑影响效果的经典试验，确证了这样一个事实，即，在 DDT 或类似化学药物对鸟类双亲尚未造成明显的毒害之前，可能已严重影响了它们的生殖力。鸟类受影响的途径可能不同，但结果总是一样的。例如，繁殖期间在食物里掺入 DDT，鹌鹑仍然会活着，甚至还能正常地产下许多蛋，却根本不能孵出幼鸟来。大卫博士说："许多胚胎在孕育的早期阶段发育都很正常，但会在出壳时死去。"即使是孵化出来了，有一半以上也会在五天内死掉。在用野鸡和鹌鹑共同作为研究对象的实验中，如果在全年都食用含有杀虫剂的食物，成年野鸡和鹌鹑都不会产卵。加利福尼亚大学的罗伯特·路德博士和理查德·基纳理博士报告了同样的发现结果。当野鸡吃了含狄氏剂的食物后，"蛋的产量显著减少了，幼鸟的成活率也大幅降低"。据这些学者声称，由于狄氏剂在蛋黄中累积，之后会在孵卵期和孵出之后被逐渐吸收，给幼鸟带来缓慢却是致死的影响。

这一看法得到了华莱士博士和一个名为理查德·伯纳德的研究生的最新研究

结果的支持。他们在密歇根州立大学校园里的知更鸟身上发现了高含量的 DDT。在他们所检验的所有雄性知更鸟的睾丸里，在正在发育的蛋囊里，在雌鸟的卵巢里，在已发育好但尚未孵化的蛋里，在输卵管里，在被遗弃的窝里尚未孵出的蛋里，在这些蛋的胚胎里，在刚刚孵出但已死了的雏鸟体内，都发现了 DDT。

这些重要的研究证实了这样一个事实，一旦让生物与杀虫剂接触，杀虫剂的毒性也能影响下一代。在蛋和发育中的胚胎营养来源的蛋黄里，都有毒素存在，这等于是在执行一项死刑命令。这也解释了为何大卫博士实验中的幼鸟会死在蛋壳里，或者是在孵出几天后死去。

当这些实验应用到鹰身上时遇到了难以克服的困难，但野外研究正在佛罗里达、新泽西和其他一些地方展开，希望能给鹰的不孕症找出一个确切的原因。与此同时，很多证据指向了杀虫剂。在那些盛产鱼类的地方，鱼通常是鹰的主要食物（在阿拉斯加约占百分之六十五，在切萨皮克湾区约占百分之五十二）。毫无疑问，由布罗利先生长期研究的那些鹰绝大多数是食鱼的。从 1945 年至今，这个特定的沿海地区一直遭受着溶于柴油的 DDT 的反复喷洒。空中喷药的主要对象是盐沼中的蚊子。这种蚊子生长在沼泽地和沿海地区，这些地方大量的鱼和蟹被杀死，恰好也是鹰的猎食区域。实验分析表明，这些死亡的水生物体内的 DDT 浓度达到百万分之四十六。就像清水湖中的鹛鹧一样（鹛鹧由于吃湖里的鱼而使体内杀虫剂积累到很高浓度），这些鹰当然也在它们体内组织中累积起了 DDT。同那些鹛鹧一样，野鸡、鹌鹑和知更鸟的繁殖能力的下降，使得它们难以维持种群持续的需要。

世界各地都有类似的鸟类面临危机的声音传出。尽管各地的报告在细节上存在着差异，但都认为鸟类出现危机与杀虫剂有关，是杀虫剂的使用导致了野生动物的大量死亡。在法国，用含砷的除草剂处理了葡萄园后，几百只小鸟和鹧鸪死去；在曾经一度以鸟类众多而闻名的比利时，由于对农场喷药，曾经数量庞大的松鸡差不多灭绝了。

英国的主要问题有些特殊。在那里，问题的出现是和日益增长的在播种前用杀虫剂处理种子的做法相联系的。种子处理并不是新鲜事，但在早期，主要使用的化学药物是杀菌剂，对鸟类没有造成什么影响。可从 1956 年开始，处理方式升级为一种双重处理法，杀菌剂、狄氏剂、艾氏剂或七氯都被加进来以对付土壤昆虫。于是，情况变得糟糕了。

1960 年春天，关于鸟类死亡的报告纷纷被交到了英国野生生物管理当局，其中包括英国鸟类联合公司、皇家鸟类保护学会和猎鸟协会提供的报告。诺福克的一位农夫这样写道："这地方像一个战场，管理人员发现了无数的尸体，其中包括许多小鸟——苍头燕雀、金翅雀、红雀、篱雀、麻雀……野生生命的毁灭令人心痛。"一位猎场管理人写道："我饲养的松鸡已被用药处理过的玉米消灭了，野鸡和其他鸟类也一样，几百只鸟儿被杀死……对于我这个一辈子都在看守猎场的人来说，这样的情形让我痛苦，看到许多松鸡在一起死去是十分可悲的。"

在一份联合报告里，英国鸟类联合公司和皇家鸟类保护学会描述了六十七例鸟的死亡的情形，其实这还远不是 1960 年春天被杀死的鸟的全部情形。在这六十七例鸟的死亡案例中，有五十九例是因为吃了用药处理过的种子，八例是由于毒药喷洒所致。

第二年，出现了一个使用农药的新高潮。下议院接到报告说，单在诺福克地区就有六百只鸟死去，在北埃塞克斯的一个农场，有一百只野鸡死亡。时间不久，受到影响的郡的数量就超过了 1960 年的（1960 年是二十三个郡，1961 年是三十四个郡）。以农业为主的林肯郡受害最严重，已报告大约有一万只鸟死去。从北部的安格斯到南部的康沃尔，从西部的安哥拉斯到东部的诺福克，鸟类死亡的阴影笼罩了整个英格兰农业区。

1961 年春天，问题引起的关注达到了这样一个高峰，使得下议院专门成立了一个特别委员会对事件展开调查。他们要求农夫、土地所有人、农业部代表以及各种与野生生物相关的政府和非政府机构出席做证。

一位目击者这样描述说："鸽子突然从天上掉下来死去了。"另一个人说："你可以在伦敦市外开车行驶一二百英里，也不可能看到一只红隼。"自然保护局的官员们做证说："在 20 世纪或在我所知道的任何时期中，从来没有发生过类似的现象，这是发生在这个地区的野生生物的最大一次危机。"

但对死鸟进行化学分析的实验设备严重不足，并且整个国家仅有两名化学家能够进行这种分析（一位是政府的化学家，另一位在皇家鸟类保护学会工作）。目击者描述了焚烧鸟的尸体的熊熊篝火的情景。然而，人们仍在努力收集鸟的尸体去进行检验，分析结果表明，除一只外，所有的鸟体内都含有杀虫剂的成分。（唯一的例外是一只沙鹬鸟，这是一种不吃种子的鸟。）

可能是因为吃了有毒的老鼠或鸟，狐狸也受到了影响。在英国兔子成灾，非常需要狐狸的制约作用。但是，在1959年11月到1960年的4月间，至少有一千三百头狐狸死了。在那些捕雀鹰、红隼及其他被捕食的鸟儿实际消失了的地方，狐狸的死亡现象最为严重，这表明毒素是通过食物链传播的——从吃种子的生物传到长毛和长羽的食肉动物。垂死时的狐狸在死前总是神志不清，不停地兜着圈子乱转。其行为和那些因氯化烃杀虫剂中毒死亡的动物一样。

听证会的委员们相信，对野生生物的威胁已经"非常严重"，因此建议议院"农业部长和苏格兰州秘书应该采取措施，保证立即禁止使用含有狄氏剂、艾氏剂、七氯或剧毒性化合物处理种子"。该委员会同时也推荐了许多控制方法，以保证化学药物在被拿到市场出售前，都要经过充分的野外和实验室试验。值得强调的是，这在所有地方关于杀虫剂的研究上都是一个很大的空白点。用普通的实验动物——老鼠、狗、豚鼠所进行的生产性实验并不包括野生种类，一般不会用鸟类，也不用鱼类。并且，这些试验是在人为控制下进行的。当把这些试验结果应用到野外的野生生物身上时，很难保证万无一失。

英国绝不是由于种子处理不得当而导致出现鸟类保护问题的唯一国家。在我们美国，在加利福尼亚及南方水稻种植区域，这个问题一直困扰着人们。多少年来，加利福尼亚种植水稻的人们一直采用DDT来处理种子，以对付那些会损害秧苗的蝌蚪、虾和蝼蛄、甲虫。由于稻田里总是有很多水鸟和野鸡，加利福尼亚的猎人们过去常为他们辉煌的猎绩而欢欣鼓舞。但在过去的十年中，关于鸟儿损失的报告，特别是关于野鸡、鸭子和燕八哥死亡的报告，连绵不绝。"野鸡病"已成了人人皆知的现象，一位观察家描述说："鸟儿会到处找水喝，但它们麻痹了，被发现在水沟旁和田埂上颤抖。"这种"鸟病"发生在稻田下种的春天。所使用的DDT浓度是足以杀死成年野鸡的许多倍。

几年过去了，更毒的杀虫剂被发明了出来，更加重了由处理种子所带来的灾害的程度。艾氏剂对野鸡来说，其毒性相当于DDT的一百倍，现在它已被广泛地用于拌种。在得克萨斯州东部的水稻种植区，这种做法已导致黄褐色的栗树鸭（一种广为分布在墨西哥湾沿岸的像鹅一样的茶色野鸭）的数量下降。确实有理由相信，那些已使燕八哥数量减少的水稻种植者，现在正在使用杀虫剂努力灭绝生活在产稻区的鸟类。

"消灭"那些可能使我们感到烦恼或不被我们喜欢的生物，一旦我们开了杀戒，鸟儿们就会越来越清楚地发现它们不再是农药的间接受害者，而是成为了毒剂的直接杀害目标。在空中喷洒对硫磷这类剧毒农药的趋势日益增长，其目的是为了"控制"农夫不喜欢的鸟类。鱼类和野生生物管理局已感到有必要对这一趋势表示严重关注，他们指出："用来进行区域处理的对硫磷已对人类、家畜和野生生物构成致命危害。"例如，在印第安纳州南部，一群农夫在1959年夏天花钱雇请了一架喷药飞机来河岸地区喷洒对硫磷。那一带是在庄稼地附近觅食的几千只燕八哥的主要栖息地。这个问题本来是可以通过稍微改变一下农田操作就能轻易解决的——只要改换一种燕八哥够不着玉米穗的品种，就能很好解决问题。但那些农夫们始终相信使用毒药更方便，因此，他们租用飞机来杀死鸟。

这样做的结果可能让这些农夫满意了，因为在死亡清单上已包括约六万五千只红翅八哥和燕八哥。至于其他那些未注意到的、未被报道的野生生物死亡的情况如何，就无人知晓了。对硫磷不只是对燕八哥有效，也是一种普遍有效的毒药。那些可能来到这个地区的野兔、浣熊或袋鼠，也许根本就没有对这些农夫的庄稼地构成威胁，却被这些法官和陪审团判处了死刑。而这些法官既不知道这些动物的存在，也不关心它们的死活。

人类的情况又如何呢？在加利福尼亚喷洒了这种对硫磷的果园里，接触过一个月前被喷过药的叶子的工人们病倒了，并且病情严重，只是由于精心的医治才得以死里逃生。印第安纳州是否也有一些喜欢穿过森林和田野去漫游，或到河畔去探险的孩子呢？如果有，那么有谁在守护这些有毒的区域，以制止这些孩子的误入呢？有谁在警惕地守望着，告诉那些无辜的游人，他们打算进入的这片区域是非常危险的，因为所有植物的叶子上都覆盖了一层剧毒的农药。尽管存在着如此巨大的危险，却没人出面制止这些农夫对燕八哥发起的这场完全没有必要的战争。

在所有这些情况中，人们都在逃避认真考虑这样一个问题：是谁做了这个决定，使得一系列的中毒事件发生了，使死亡的连锁反应同在平静的池塘里扔进一粒石子一样引起了涟漪效应？是谁在天平的一端放了一些可能被某些甲虫吃掉的树叶，而在另一端放上成堆斑斓的羽毛（在杀虫剂无选择的"攻击"下牺牲的鸟儿的尸体）？是谁为千百万不知情的民众做出的决定——谁又有权力做出这样的决定——认为一个无昆虫的世界更美好，甚至有没有飞鸟也无所谓？这个决定是一个被暂时委以权力的独裁者作做出的，他是在千百万人不知情的情况下作做出的，对这千百万人来说，大自然的美丽和有序仍具有深刻的意义，这种意义是无法被替代的。

第九章 死亡的河流

假若我们听任我们的河流都变成死亡的河流，那将是一种绝对的悲观主义和失败主义。

从大西洋的绿色海水那里，有很多小路通往海岸。那是鱼类巡游的路径，尽管这些小路不易被人看见，也无法让人触碰到，但它们是由来自陆地的河流的水流形成的。几千年来，鲑鱼早已熟悉了这些路径，它们循着淡水形成的水线洄游。每条鲑鱼都要回到它们曾度过生命最初阶段的那些小支流里去。1953 年的夏秋季节，新不伦瑞克海岸米拉米奇河的鲑鱼从大西洋回来了。到了秋天，在米拉米奇河上游绿荫掩隐、溪流交汇的地方，鲑鱼们把卵产在溪流底的沙砾上，清澈的溪水流淌着。这地方到处都是云杉、凤仙、铁杉、松树，这些树木构成了一片辽阔的针叶森林区域，是鲑鱼最好的产卵繁殖地。

这种情况从久远的过去一直到如今，都是按照一个相同的模式在重复着。米拉米奇是美国北部最好的鲑鱼的产地。情况就一直如此。但到了 1953 年，这一模式遭到了破坏。

秋冬季节，大个的带有硬壳的鲑鱼卵静静地躺在河底由雌鱼开凿出来的沟槽里。在寒冷的冬季，鱼卵发育缓慢，只有当春天将林中小溪里的冰完全融化后，小鱼才会孵化出来。起初，它们会藏身河底的石子中间，只有半英寸长。它们不吃东西，只靠一个卵黄囊维持生命。等到这个卵黄囊被吃完，小鱼才开始到溪流中寻找小昆虫。

1954 年春天，新的小鱼孵出来了，米拉米奇河中既有刚孵出的幼鱼，也有一两岁的鲑鱼。这些小鱼有着炫目的条纹和红色斑点，它们贪婪地搜寻着溪水中的各种各样奇怪的昆虫。

到了夏天，这一切开始发生变化。米拉米奇河西北部流域在上一年被纳入到一个宏大的喷药计划中。加拿大政府实行这个计划已一年了，其目的是拯救森林免受云杉卷叶蛾之害。云杉卷叶蛾是一种侵害多种常绿乔木的本地昆虫。在加拿大东部，这种昆虫约每隔三十五年大爆发一次。50 年代初已显现出这种卷叶蛾的数量正在形成一个新的高峰。为了应付它们，开始喷 DDT，起初在一个小范围内喷，1953 年突然扩大了范围。为了努力挽救作为纸浆和造纸工业原料的凤仙树，不再像从前那样只在几千英亩森林中喷药了，而是改为向几百万英亩的森林广泛喷药。

于是，1954 年 6 月，喷药飞机光顾了米拉米奇河西北部的林区，药水的白色烟雾在天空勾画出了交错的航迹。每一英亩被喷洒了半磅溶解在油中的 DDT。药水在凤仙森林中渗落，其中有一些最终到达地面并进入溪流。飞行员们只关心交给他们的任务，并不会去尽可能地避开河流，他们甚至都不会在飞过河流时关上喷药枪。但实际上这些喷洒物甚至在很微弱的气流中也可飘浮很远，因此，即使飞行员这样做了，其结果也未必会好多少。

喷洒刚一结束，就出现了一些不容置疑的不好的迹象。两天内在河流沿岸发现了大量已死和垂死的鱼，其中包括许多幼鲑鱼。鳟鱼也出现在死鱼中间，道路两旁和树林中的鸟儿也正在死去，河流中的一切生物都沉寂了。喷洒前，河流里一直拥有丰富多彩的水生生物，它们构成了鲑鱼和鳟鱼的食物。这些水生生物包括蜻蜓的幼虫，它们居住在用黏液胶结起来的，由树叶、草梗和沙砾组成的松散而又舒适的保护体中。河流里还有于涡流中紧贴在岩石表面的飞虫虫蛹；到处都是分布在河底石头边或由陡峭的斜石上跌落的黑飞虫幼虫。但现在小河中的昆虫都被杀死了，幼鲑们再也没有什么可吃的了。

在这样一个死亡和毁灭的过程中，幼鲑毫无幸免的可能。到了八月，没有一条幼鲑在它们春天逗留过的河床沙砾上浮现。只有那些孵出后一年或更长时间的稍大些的小鲑鱼所受的伤害稍微轻一些。在飞机光临过其上空的小河中，1953 年孵出的鲑鱼只有六分之一存活下来，而 1952 年孵出的鲑鱼几乎全部做好了入海前的准备，可是存活下来的不到三分之二。

因为加拿大渔业研究会从 1950 年起，一直在对米拉米奇河西北部的鲑鱼进行研究，这些事实才为世人所知。这个学会每年都对这条河流中的鱼进行一次调查。生物学家记录了当时河流中可产卵的成年鱼数量、各种年龄组的幼鱼数量、鲑鱼和其他居住在河中的鱼类的正常数量。正因为有了这一喷药前的完整记录，人们才能精确地评估出喷药所造成的损失。

这一考察不仅查清了幼鱼受损的情况，而且还调查出这条河流本身发生的严重变化。反复的喷药已彻底改变了河流的环境，作为鲑鱼和鳟鱼食料的水生昆虫已被杀死。要使这些昆虫之中的大多数再大量繁殖以满足正常数量鲑鱼的食用，即使在单独的一次喷药后也需花费很长时间，这不是以月计算，而是以年计算的。

像蚊蚋、黑飞虫这样的小品种昆虫恢复起来较快，它们是几个月大的鲑鱼苗的最佳食料。不过，两三岁的鲑鱼赖以生存的食物——大点的水生昆虫，则不可能这么快得到恢复。这些昆虫主要以蜉蝣、硬壳虫和五月金龟子的幼体为主。甚至在DDT进入河流的一年后，除了偶然出现的小硬壳虫外，觅食的幼鲑仍很难找到别的更多的东西。为了增加这种天然食料的数量，加拿大人试图将蜉蝣幼虫和其他昆虫移到米拉米奇这片贫瘠的区域。但很明显，这种迁移仍无法避免再次喷药带来的危害。

与此同时，卷叶蛾不但数量并未如预期的那样减少，其抗药性反而更强。从1955年到1957年在新布兰兹维克和魁北克各处多次喷药，有些地区被反复喷洒了三次之多。到1957年，被喷洒过的面积已有将近一千五百万英亩。然而，只要喷洒暂时停下来，卷叶蛾就会重新快速繁殖起来。1960年和1961年就出现过这种骤增。确实，没有什么地方的人会认为化学喷洒作为控制卷叶蛾的方法（以挽救树木免于由于多年连续落叶而死亡）是多余的。因此，随着不断地喷药，其副作用也不断被人们感觉到了。为了使其对鱼类的危害减小到最低限度，加拿大林业局已下令将DDT的施放量由从前的每英亩0.5磅降低到0.25磅，以符合渔业研究会推荐的标准。（在美国，每英亩地的施用标准和最高致死量仍未改变。）在对喷药效果连续观察了几年后，加拿大人看到了一个正反效果兼具的矛盾现象，不过在做出新规定继续喷洒后，并没有给从事鲑鱼渔业的人带来什么安慰。

一个很不寻常的综合性事件的发生，出乎意外地把米拉米奇河西北部从彻底被毁灭的进程中拯救了出来。过去引起人们关注的已不再是问题的中心了。知道发生了什么和发生的原因是重要的。

据我们了解，1954年在米拉米奇河流域内大量喷洒了化学药物，此后，除了一个狭窄地带在1956年被再度喷药外，这个流域再未被喷洒过药物。但在1954年秋天，一场热带风暴袭击了米拉米奇，彻底改变了鲑鱼的命运。艾德纳飓风——这一猛烈的风暴一路北上，给新英格兰和加拿大海岸带来了倾盆大雨。由此引发的洪水进入河流流向大海，因而引来了异常多的鲑鱼。其结果就是，在鲑鱼的产卵地——河流的沙砾河床上出现了异常大量的鱼卵。1955年春天，在米拉米奇河西北部孵出的幼鲑鱼发现这里是它们理想的生存环境，当DDT杀死河中全部昆虫一年之后，最小的昆虫——蚊蚋和黑飞虫已恢复到一定数量，而它们是幼鲑的主要食料。这一年出生的幼鲑不仅发现有大量食物，而且发现几乎没有什么竞争者，因为稍大些的鲑鱼已于1954年被药物杀死。因此，1955年的幼鲑长得特别快，而且数量也多得出奇。它们很快完成了在河流中的生长阶段，早早地入了海。1959年它们中的许多又返回河流，并给故乡的溪流生产出更多的幼鲑。

米拉米奇河西北部幼鲑之所以增加，相对来说算是一个好情况，这仅仅是因为这里只进行了一年的喷药。多年反复喷药的后果已在该流域的其他河流中清楚地显示出来，那里鲑鱼的数量的减少非常明显。

在所有经过喷药的河流里，各种尺寸的幼鲑都很少。生物学家报告说，最年幼的鲑鱼"实际上已被彻底消灭"。在米拉米奇河西南的全部地区都于1956年和1957年被喷了药，1959年孵出的幼鲑数量在过去的十年中是最少的。渔夫们议论着洄游的幼鲑的急骤减少。在米拉米奇河口的采集样品处，1959年幼鲑的数量仅相当于从前的四分之一。1959年整个米拉米奇河流域的幼鲑数量仅为六十万尾，比过去三年减少了三分之二。

面对这一局面，新不伦瑞克的鲑渔业的未来只能指望找到一种DDT的替代物。

加拿大东部的情况没有什么特殊，唯一不同的就是，掌握了森林喷药的面积和第一手资料。缅因州一样拥有云杉和凤仙森林，也有森林昆虫控制问题，也有鲑鱼的洄游，却已经是环保人士和生物学家努力挽救的结果。正是这些人在到处都是工业污染和雾霾的河流中为鲑鱼争得了一点生存的空间。虽然这里也使用过药物来抑制普遍存在的蚜虫，好在所受影响的区域相对较小，最主要的是，目前还没有影响到鲑鱼产卵的河段。但缅因州内陆渔业局观察到的情况，很可能就是未来的一个征兆。

该局的一份报告声称："1958年喷洒药物后，在六戈达德河里发现了大量濒死的鲤鱼。这些鱼表现出DDT中毒的典型症状，古怪地游动着，露出水面喘气，战栗和痉挛。在喷药后的头五天里，两张渔网就收集到了六百六十八条死鲤鱼。在小戈达德河、卡利河、阿尔德河和布雷克河中也有大量的鲦鱼和鲤鱼死亡。经常能看到虚弱、濒死的鱼顺流而下漂在河面上，其中还有一些顺流漂动的鳟鱼个体在被喷药后一周，失去视力并濒临死亡。

（DDT 可以使鱼致盲已被证明。1957 年一位生物学家在观察了温哥华岛北部被喷药后的状况报告说，那些凶狠的鳟鱼，现在可以用手在河流中轻而易举地抓到，因为这些鱼行动呆滞、游动缓慢。经检查发现，它们的眼睛被蒙上了一层不透明的云翳，这说明它们的视力减弱或已完全丧失。由加拿大渔业局进行的研究表明，另外一些没有被低浓度药物杀死的鱼类——浓度为百万分之三的 DDT 农药——例如银鲑，也都出现眼球玻璃体混浊而失明的现象。）

凡是有森林的地方，控制昆虫的现代方法都无例外地威胁到树荫遮蔽下的河流里生存的鱼类。

在美国，一个鱼类毁灭的最著名的例子发生在 1955 年。它发生在黄石国家公园内和周围。那年秋天，黄石河中发现大量的死鱼，这让爱好渔猎的蒙大拿州渔业管理人员震惊。大约九十英里的河段受到喷药的影响，其中一段约三百码的河岸发现了六百条死鱼，包括了褐鳟鱼、白鱼、鲤鱼。鳟鱼的天然食物——水生昆虫完全消失了。

林业服务处宣称，他们是按每一英亩施放一磅 DDT 的"安全标准"施行的。然而，喷药的实际后果使人确信这一标准是远远不够安全的。1956 年开始了一项协作研究，由蒙大拿州渔业局及两个联邦机构、鱼类和野生动物管理局以及森林服务处共同参加。这一年在蒙大拿州共喷洒了九十万英亩面积，1957 年又处理了八十万英亩。因此，生物学家们完全不需要担心自己找不到研究对象了。

鱼的死亡状况表现出典型的形式：森林中弥漫着 DDT 的气味，水面上有一层油膜在漂动，河流的两岸到处是死了的鳟鱼。无论是被抓到的活鱼还是被搜集到的死了的鱼，进行分析后，都发现它们体内有 DDT 的残余。跟加拿大东部的情况完全一样，喷洒农药导致的最严重的后果是，鱼的食物大幅减少。在许多被研究过的地区内，水生昆虫和其他河底动物群落已减少到原有数量的十分之一。鳟鱼生存迫切需要的水生昆虫一旦遭到毁灭后，想要重新恢复需要的时间很长。即使是在喷药后的第二个夏天，也只有少量的水生昆虫得到恢复。在一条从前有着十分丰富的底栖生物的河流里，几乎看不到任何昆虫，河里的鱼也减少了百分之八十。

鱼不会马上就死，但实际上延缓死亡比马上死亡问题要更加严重。出现这样的情况一点都不奇怪，原因是，无论是鱼还是人，所有的生物在生理应激的这段时间里，都会蓄积脂肪作为能量的准备。这恰恰使得 DDT 能更充分地发挥作用。

因此，十分清楚，每英亩一磅 DDT 的喷洒量对河里的鱼类会造成严重的危害。但更糟糕的是，控制蚜虫的目的一直未能达到，因此很多地方需要重复喷药。对此，蒙大拿州渔业管理当局强烈反对继续喷药，他们不同意牺牲渔业资源，并且喷药计划的必要性和效果值得怀疑。但很奇怪的是，与此同时，该机构又同意跟林业部门继续合作，努力降低喷药造成的副作用。

问题是，这样的合作真的能拯救鱼类吗？英国哥伦比亚地区的经验告诉我们，这样的合作是无法解决问题的。在那儿，黑头蚜虫已猖獗多年。林业部门官员担心另一次季节性的树叶脱落将可能造成大量树木的死亡，于是决定于 1957 年执行蚜虫控制计划。之前，他们与渔业局有过多次协商，但渔业部门更关心的是鲑鱼的洄游。为此，森林部门同意在不影响效果的前提下，对喷药计划加以调整，以减少对鱼类造成的危险。

但尽管采取了预防措施，也做出了必要的努力，最后，四条河流中的鲑鱼仍几乎百分之百被杀死。

在其中一条河里，四万条洄游的银鲑鱼中的幼年鲑几乎全部死亡。几千条年轻的硬头鳟和其他种类的鳟鱼的命运完全一样。银鲑的生命循环周期是三年，而参与洄游的鱼几乎都是同一个年龄段。像其他品种的鲑鱼一样，银鲑有着很强的洄游本能，它们会回到出生地，绝对不会去往别的河流。这样就意味着，三年一个周期的银鲑的洄游不再存在，唯一的补救手段只能是人工繁殖或采取别的手段恢复这种具有极大经济价值的鲑鱼的种群。

有一些办法可以做到一定程度的两全其美，既保护了森林，又保护了鱼类。假若我们听任我们的河流都变成死亡的河流，那将是一种绝对的悲观主义和失败主义。我们必须更广地采用已知的替代方法，并且必须动用我们的智慧和资源去开发新方法。在记载中，有一些例子，如，天然寄生性生物征服了蚜虫，其控制效果比喷药要好。需要把这一自然控制方法应用到最为广泛的范围。可以利用低毒农药，但更好的办法还是引进那些能在蚜虫中引起疾病的微生物，其前提是不影响整个森林的生物结构。我们将在后面看到这些可替代的方法是什么，以及它们需要哪些条件。现在，我们应该认识到对森林昆虫喷化学药物既不是唯一的办法，也不是最好的办法。

给鱼类带来威胁的杀虫剂中，一种是只与喷药所属林区个别问题有关的杀虫剂，它们主要影响到在北部森林河流中洄游的鱼，这几乎全是使用 DDT 的后果。

另一种是影响广泛的、具有蔓延和扩散作用的杀虫剂，它们影响到的鱼类品种范围更大，如鲈、翻车鱼、鲤鱼等，这些鱼类生活在美国广大地区的各种水体中。此外，流动水体中的鱼类也一样受到影响。这类杀虫剂的种类包括了现今几乎全部被农业使用的杀虫药，但能被检测出来的往往只有如异狄氏剂、毒杀芬、狄氏剂、七氯等。如今还有另外一个问题必须被充分考虑到，那就是我们应该预想到将来会发生什么情况，因为对揭露这些事实的工作才刚刚开始，这些事实与盐化沼泽、海湾和河口中的鱼类有关。

新型有机杀虫剂日益广泛地被使用，不可避免地会给鱼类带来毁灭性的伤害。鱼类对氯化烃异常敏感，而当代的杀虫剂大部分是由氯化烃合成的。当数百万吨的化学毒剂被施放到大地表面时，不可避免地会有相当数量的残余农药进入到地球的水循环中去。

有关鱼类死亡（有时是大量死亡）的报告现已如此普遍，以致美国公共卫生署不得不设立专门的办事处来搜集各地的情况报告，并作为水污染的技术指标。

这同时也是一个关系到千千万万普通民众切身利益的问题。将近二千五百万美国人把垂钓当作是一种很重要的业余爱好。除此之外，还有大约一千五百万人偶尔会参与进去。这个群体每年会在跟鱼有关的活动上花费三十亿美元用于办理执照、购买设备、野营、燃料和住宿。假如这项活动无法继续开展，同样会给经济方面造成很大影响。这还不包括具有巨大的经济作用的商业渔业，最关键的是，鱼类是人类的主要食物之一。内陆和沿海渔民（近海捕鱼量不包括在内）每年的捕捞量至少在三十亿磅左右。然而，现实的情况正如我们所见，杀虫剂对小溪、池塘、江河和海湾的污染，已对业余的和专业的鱼类捕捞形成巨大威胁。

到处都可以看到喷洒的药水或喷撒的药粉对鱼类造成的损害。在加利福尼亚州一地，由于试图用狄氏剂控制一种稻叶害虫，就造成了将近六万条可供捕捞的鱼的死亡，其中主要是蓝鳃太阳鱼和别的品种的翻车鱼。在路易斯安那州，由于在甘蔗田中施用了异狄氏剂，仅在 1961 年一年就发生了三十多起大规模鱼类死亡的事例。在宾夕法尼亚州，为控制果园中的老鼠而使用异狄氏剂，同样造成了鱼类的大批死亡。西部高原由于使用了氯丹控制蚱蜢，致使许多溪流中的鱼死亡。

也许再没有哪一个计划的规模能跟在美国南部执行的一项控制火蚁的计划相抗衡。这项计划覆盖了数百万英亩的土地，主要使用的是七氯，它对鱼类的毒性稍弱于 DDT。而另外一种被用来控制火蚁的农药是狄氏剂。这种农药对水生生物的伤害是非常大的。不过，异狄氏剂对鱼类的威胁更大。

在对火蚁进行控制的任何一个地方，不论是使用七氯还是狄氏剂，都有报告说给水生生物带来了灾难性的影响。我们只要摘录一些生物学家的报告，就能大致了解其严重程度。一份来自得克萨斯州的报告说"尽管做了巨大的努力去保护，仍然造成了鱼类的巨大损失""在所有处理过的水域中都出现了死鱼""鱼死亡严重，并且持续了三个多星期"。亚拉巴马州报告声称，"被喷药后的几天，威尔考克斯的大部分成年鱼都被杀死了""临时性水体和小支流中的鱼类已全部灭绝"。

路易斯安那的农场主抱怨农场池塘的损失。在一条运河上，不到四分之一英里的河段发现了五百条以上的死鱼，它们漂浮在水面或躺在岸边；在一个教区范围内发现死了一百五十条翻车鱼，占全部数量的四分之一；另外有五种鱼类灭绝。

在佛罗里达州，取自喷药地区池塘中的鱼，体内含有七氯残毒和一种次生的化学物质氧化七氯，这些鱼中包括翻车鱼和鲈鱼——它们都是人们喜爱的垂钓对象，并且经常出现在餐桌上。然而，食品与药物管理局认为，它们体内都含有相当数量的非常规化学物质，即使是少量的摄取对人类也是有害的。

鱼、青蛙和其他水中生物死亡的报告层出不穷，因此，一个令人尊敬的专门致力于鱼、爬虫和两栖动物研究的组织——美国鱼类学和爬行类学家协会，于1958年通过了一项决议，呼吁农业部和相关部门在造成不可挽回的损害之前，应停止七氯、狄氏剂及此类毒剂的区域性喷洒。该协会呼吁要注意生活在美国东南部的种类繁多的鱼类和其他生物，其中包括那些在世界其他地方未曾出现过的品种。该协会警告说："这些动物中有许多种类只生活在一个很小的区域内，因而会迅速地灭绝。"

用于消灭棉花昆虫的杀虫剂也沉重地打击了南部各州的鱼类。1950年夏季，亚拉巴马州南部产棉区经历了一场灾难。在这之前的一年里，为了控制象鼻虫，那里的人们一直在有节制地使用有机杀虫剂。但由于一连几个暖冬，于是在1950年出现了象鼻虫的大爆发，因此，约有80%~95%的农夫在农业顾问的督促下，转而使用有机农药。当时被普遍采用的是毒杀芬，这是一种对鱼类有很强杀伤力的药物。

这一年夏天，雨水丰沛而又集中。大量的雨水将这些化学药物冲进了河里。为弥补被雨水冲走的农药，农夫们就重复喷药，有的甚至在一英亩棉花上喷了六十三磅毒杀芬；更有甚者，有些棉花地一英亩竟然施用了高达二百磅的药量。

有个农夫过分热情，在自己的每一英亩地里喷了四分之一吨杀虫剂。

其结果是显而易见的。在流入惠勒水库之前，佛林特河要流经亚拉巴马州棉产区的五十英里长的距离。8月1日，倾盆大雨注入佛林特河中。佛林特河水在短时间内就上涨了六英寸。而除了雨水，一定还有别的东西被注入河中。鱼在水面上盲目地兜着圈子浮游，有时会跳到岸上被农夫捡到。农夫把它们放进了一个泉水补给的水池中。在清洁的水中，一些鱼恢复了过来。而在河流中，死鱼终日地顺水漂浮而下。但这仅仅是一个序曲，那之后每一次降雨都会导致更多的杀虫剂被冲入河中，从而杀死更多的鱼类。8月10日再一次大降雨，河流中的鱼几乎都被杀死。等到8月15日的降雨后，几乎再也看不到死亡的鱼类了。但化学药物导致鱼类死亡的科学证据却来自河中放置的实验金鱼笼：用来做实验的金鱼都在一天内死亡。

在佛林特河中遭受浩劫的鱼类包括大量的白刺盖太阳鱼，这是钓鱼者们最喜爱的鱼。而有河水流入的惠勒水库里也发现了大量死去的鲈鱼和翻车鱼。这些水体中所有的杂鱼——鲤鱼、野牛鱼、石首鱼、黄鱼、鼓鱼、砂囊鲋和鲶鱼等无一幸免。这些鱼类都没有生病的迹象，它们只在濒死前出现异常的行为，以及在鳃上出现了葡萄酒色。

温暖而封闭的农场水塘附近使用了杀虫剂，塘里的鱼很可能死亡。正如前面提到过的那些例子所证明的，毒药是随着雨水和径流由周围土地带到池塘里来的。有时，这些鱼塘不仅仅是被污染了的径流所污染，还因为飞行员飞过鱼塘上空时常常忘记关上喷洒器，使得这些鱼塘直接受到农药的喷洒。情况甚至不需要这么复杂，即使是严格按照规则使用农药，也会造成鱼类的受损，因为化学药物的使用量已远超过了致死的量。换言之，即使大量减少农药的使用量，也很难改变现状，因为每英亩0.1磅以上的使用量就足以带来危害。与此同时，这种毒剂一旦污染池塘就很难清除。其中一例是，一个池塘为清除那些不需要的鱼儿使用了DDT，之后反复更换这个池塘的水，也无法完全清除毒药残余，结果百分之九十四的翻车鱼被杀死。其原因是，农药残余会在池塘底部淤泥中积存起来。

很明显，现在的情况并不比新式杀虫剂刚刚开始投入时好多少。俄克拉荷马州野生物保护部门曾在1961年宣称，有关农场鱼塘和小湖中鱼类损失的报告，以前一直是最多每周发来一次，现在却发得越来越频繁。由于多年的反复，如今人们对造成俄克拉荷马鱼类损害的原因已经非常清楚：当农田使用了农药后，只要一下雨，大量的农药就会流入池塘。

在世界有些地方，塘鱼是人们必不可少的食物来源。由于未考虑到对鱼类的影响而使用了杀虫剂，在这些地方引起了很多问题。例如，在罗得西亚，浓度仅为百万分之零点零四的 DDT 就杀死了浅水中的一种重要的食用鱼——卡菲鱼的幼苗。其他许多杀虫剂甚至剂量更小也能致死。这些鱼厮生活的浅水区域正是蚊子滋生的地方，消灭蚊子并能同时保护中非地区食用鱼，在中非地区是一个没有得到妥善解决的问题。

菲律宾、中国、越南、泰国、印度尼西亚和印度的奶鱼养殖面临着同样的问题。这种鱼被养殖在这些国家海岸地带的浅水池塘中。成群的这种鱼的幼鱼会突然出现在沿岸海水中（没有人知道它们是从什么地方来的），它们被捞起来，放入蓄养池，它们就在池里长大。对于东南亚和印度数以百万计的以大米为主食的人来说，这种鱼是主要的动物蛋白来源之一，因此，太平洋科学代表大会已建议进行一次国际性的努力来搜寻这种鱼的产卵地，以便能开展大规模养殖。但喷洒药物却给现有的养殖池带来了巨大的损失。菲律宾就具有代表性。在菲律宾，为了控制蚊虫进行了空中喷洒，使鱼塘主人们付出了昂贵的代价。在一座养有十二万条奶鱼的池塘里，在被喷药飞机光顾后，尽管养殖者努力往池塘内注入新的水，还是有将近一半的鱼死亡。

1961 年，在得克萨斯的奥斯汀，那里的科罗拉多河发生了近些年来最严重的鱼类死亡事件。1 月 15 日是一个星期日，那天清晨天刚亮，奥斯汀新塘湖和湖下游约五公里的一段河段就发现了大量死鱼。前一天这里还没出现这种现象。到了周一，在河流的下游五十英里处也发现了死鱼。现在一切都清楚了，一些有毒物质正随着河水向河的下游扩散。到了 1 月 21 日，在下游一百英里的地方、靠近拉格朗吉处也发现了死鱼。一周后，有毒物质继续扩散，已经污染了下游两百英里的河段。当局不得不关闭了近岸航道，以防有毒物质进入马塔哥达湾，并最终流入墨西哥湾。

奥斯汀的调查者们闻到了杀虫剂氯丹和毒杀芬的气味。这种气味在一条下水沟的污水里尤为强烈。这条下水沟过去一直都存在着工业废水乱排问题，得克萨斯州当地的渔业管理人员从湖泊返回时，在这条沟里闻到了六氯苯的气味。这气味延伸到了一家化学工厂的进水线。这家工厂主要生产 DDT、六氯苯、氯丹和毒杀芬，同时还生产少量其他杀虫剂。该工厂管理人员承认，最近有大量的化学物质被冲进了管道。最为关键的是，他承认这样处理杀虫剂溢流和残留，是在过去十年里使用的常规的方法。

经过进一步调查发现，雨水和清洁用水也可能导致别的工厂的杀虫剂被冲入排水管道，最后发现补齐了这样一个连锁链条的最后一环：在河水和湖水里发现有毒物质的前几天里，为了清理管道内的残渣，数百万加仑的水在高压状态下被冲入排水管道。无疑，高压水冲出了沉淀在砾石和细沙里的杀虫剂残余，并被冲入到河流、湖泊。

当大量的致命毒物顺流而下到达科罗里达时，给鱼类带去了死亡。这个湖下游一百四十英里范围内的鱼几乎都被杀死，后来人们曾用大围网去检查是否会有鱼侥幸地存留下来，但一无所获。前后一共发现了二十七个品种的死鱼，每英里河段的死鱼达到了一千磅。有一种斑点叉尾鲶鱼是这条河的主要商业鱼类。另外，还有蓝色扁头鲶鱼等多种鱼类死亡。其中有一些是这条河中的长者，如重量超过二十五磅的扁头鲶鱼。据报告，当地居民在河边拾到过重达六十磅的死鱼，而且根据正式记录，一种巨大的蓝鲶鱼可重达八十四磅。该州渔猎协会估计：即使不再发生进一步的污染，这条河里鱼类的数量也会在未来几年里受到影响。一些在自然水域里的品种可能永远也无法恢复，而其他鱼类也只有靠人工养殖才能恢复。

奥斯汀鱼类的这场浩劫的原因现在已经昭然若揭，但事情并未就此完结。在向下游流了二百英里后，河水对鱼类仍具有杀伤力。一般认为，这样的含有毒物质的水要是流入马塔哥达湾，其危险程度将会进一步升高，因为这一带有着大量的牡蛎和海虾养殖场。至于含有有毒物质的水最终流入到墨西哥湾后会有怎样的影响，以及会带来怎样的后果，谁也无法知道。

当前我们对这些问题的回答大部分还是猜测。不过，对江口、盐沼、海湾和其他沿海水中农药的污染问题，人们越来越关注。这些地区不仅有污染了的河水流入，而且，尤为常见的是，为消灭蚊子及其他昆虫而直接喷洒的农药。

没有什么地方能比佛罗里达州东海岸的印第安河沿岸的乡村更加生动地证实了农药对盐沼、河口和所有宁静海湾中的生命的影响了。1955年春天，为消灭蚊虫，圣露西县两千英亩的盐沼被使用了狄氏剂，用药量为每英亩一磅有效成分。这对水生生物的影响是灾难性的。来自州卫生委员会昆虫研究中心的科学家们，对用药后的屠杀情况做了调查。他们在报告中说：鱼类的死亡是"真正彻底的"。

海岸上到处堆积着死鱼，从天空中可以看到鲨鱼游过来吞食水中垂死无助的鱼儿。没有一种鱼能幸免。死鱼包括胭脂鱼、锯盖鱼、银鲈、食蚊鱼等。

"印第安河沿岸除外，整个沼泽区中被直接毒死的鱼至少有二十至三十吨，或约一百一十七万五千条，至少有三十个品种。"调查队的哈林顿和彼得林梅尔在报告中这样写道，"软体动物似乎没有受到狄氏剂的影响。甲壳类生物全军覆没。水生的螃蟹受到重创，其中招潮蟹几乎灭绝，幸存下来的仅仅是在喷洒药物时不小心遗漏的小片区域中生活着的，不过，它们也只是侥幸多活了一点时间。较大的垂钓鱼和食用鱼最先死去……蟹在腐烂的鱼体上爬行和吞食，而第二天它们也都死了。"

赫伯特·米尔斯博士在考察了佛罗里达对岸的坦帕湾后，所描述的情形同样凄惨。奥杜邦协会在那里建立了一个鸟类保护区，这片区域包括威士忌湾在内。极具讽刺的是，当地卫生部门为了消灭盐沼地的蚊子进行喷药后，这一保护区变成了一个荒凉的避难所。鱼和螃蟹又是主要的受害者。提琴手蟹是一种小巧、雅致的甲壳动物，当它们成群地在泥地或沙地上爬过时，就像正在被放养的牛群。它们现已无法抵御药物的袭击。在这一年的夏、秋季节里进行了大量喷药（有些地方喷了十六次之多）后，提琴手蟹的状况曾由米尔斯博士进行了统计："这一次，提琴手蟹的进一步减少已变得很明显了。在这一天（10月12日）的潮水和气候条件下，这儿本应有十万只提琴手蟹，然而在海滩上只见到不足一百只，而且都是死了的和有病的。它们颤抖着、抽搐着，爬行起来磕磕绊绊。然而在邻近的未喷药的地区，这种蟹仍有很多。"

在这片区域的生态环境中，提琴手蟹的存在有着很关键的作用。对许多动物来说，它们是重要的食物来源——海岸浣熊吃它们，像长嘴秧鸡、海岸鸟这样一些居住在沼泽地中的鸟类，还有一些来访的候鸟也吃它们。在新泽西州一片喷了DDT的盐化沼泽中，笑鹅的正常数量在几周内减少了百分之八十五，推测其原因可能是由于喷药之后，这些鸟再也找不到充足的食物。在这些沼泽里，提琴手蟹还有其他方面的作用。它们通过到处挖洞而使沼泽泥地得到清理和充满空气，它们也为渔人提供了大量的饵料。

提琴手蟹并不是潮汐沼泽和河口中唯一遭受农药威胁的生物，有些对人更为重要的生物也受到了危害。切萨皮克湾和大西洋海岸其他地区中有名的蓝蟹就是一个例子。这些蟹对杀虫剂极为敏感。在潮汐沼泽、小海湾、沟渠和池塘中的喷药杀死了那里的大部分蓝蟹。不仅当地的蟹死了，而且从其他海洋来到喷药地区的也都中毒死亡。有时中毒作用是间接发生的，如在印第安纳河畔的沼泽地中，那儿的蟹像清道夫一样处理死鱼，然而它们本身也很快中毒死去。人们还不太了解大红虾受危害的情况，然而它们与蓝蟹一样属于节肢类动物，具有相同的生理特征，因而推测可能也会遭到同样的危害。其他具有经济价值的如石蟹和别的甲壳类动物，遭遇的情况大致类似。

那些近岸水域——海湾、海峡、河口、潮汐沼泽——构成了一个极为重要的生态单元。这些水域跟许多鱼类、软体动物、甲壳类动物关系密切。一旦水域不再适宜于生物生存，那些生物就会在人们的餐桌上消失。

那些广泛分布在沿海水域的鱼类，也有很多会到近岸水域来产卵和孵化幼苗。幼小的大鳕白鱼大量地存在于所有栲树成行的河流及运河的迷宫之中，这些河流在佛罗里达州西岸三分之一的低地中蜿蜒环绕。在大西洋海岸，海鳟、叫鱼、石首鱼和鼓鱼在岛和"堤岸"间的海湾浅滩上产卵，这条堤岸横列在纽约南岸大部分地区的外围。幼鱼被孵出来后被潮水带着通过这个海湾，在这些海湾和海峡（柯里塔克湾、帕姆特里湾）中，幼鱼能找到丰富的食物，并迅速长大。没有这些温暖的、受到保护的、食料丰富的水域，各种鱼类种群的保存是不可能的。然而，我们却正在容忍让农药通过河流和直接向海边沼地喷洒而进入海水。而这些鱼在幼年阶段比成年阶段更容易遭到化学药物的毒害。

另外，小虾在幼年时期依存于近海岸的觅食区。丰富而又广泛巡游的虾类是沿南大西洋和墨西哥湾各州所有渔民的主要捕捞对象。虽然它们在海中产卵，幼虾却游入河口和海湾，这种几周龄的小虾将经历形体连续的蜕皮和变化。从五六月到秋天，它们停留在那儿，以水底碎屑为食。在它们近岸生活的整个时期，小虾的安全和捕虾业的兴旺都仰仗于河口的适宜条件。

农药的出现是否对捕虾人和虾的市场供应构成威胁呢？答案可以从商业局最近所做的试验里得到答案。试验表明，刚过幼年期的、具有商业价值的小虾对杀虫剂的抗药性非常低——其抗药性大约是十亿分之几，而不是通常使用的百万分之几的标准。例如，在实验中，当狄氏剂浓度为十亿分之十五时，有一半的小虾被杀死。其他的化学药物甚至更毒。异狄氏剂对小虾的半致死量仅为十亿分之零点五。

这种威胁对牡蛎和蛤更为严重。这些动物的幼体同样是十分脆弱的。这些贝壳栖居在海湾、海峡的底部，栖居在从新英格兰到得克萨斯的潮汐河流中，以及太平洋沿岸的庇护区。虽然成年的贝壳不再迁移，但它们把卵子散布到海水中。在海水中，几周时间后幼体就可以自由运动。在夏天，一个拖在船后的细孔拖网可以收集到这种极为细小、像玻璃一样脆弱的牡蛎和蛤的幼体，与它们一同被打捞起来的还有许多浮游生物。这些透明的幼体并不比一粒灰尘大。它们在水面上游游动，以微小的浮游植物为食。如果这些浮游植物衰败了，这些幼小的贝壳就要饿死。而农药能有效地杀死大多数浮游生物。通常用于草坪、耕地、路边，甚至用于岸边沼泽的除草剂，只要十亿分之几的浓度，就会给这些浮游植物带来致命的毒害。

脆弱的幼体会被少量的常用杀虫剂杀死。即使是接触到了微小的剂量，幼体也会死亡。因为它们的生长被延缓，这使得幼体在浮游生物的世界里生活的时间延长，降低了它们成长的可能性。

对于成年软体动物来说，直接中毒的危险要少得多，至少对一部分杀虫剂是这样。但这也不一定是保险的。牡蛎和蛤可以在其消化器官等内部组织中蓄积毒素。人们吃各种贝壳时一般都是把它们全部吃下去，有时还生吃。商业捕鱼局的菲利浦·巴特勒博士曾给出了一个不祥的比喻，在这个比喻中我们可能发现我们本身已处于一种类似知更鸟的处境。巴特勒博士提醒我们说，这些知更鸟并不是由于受到 DDT 的直接喷洒而死去的，它们的死亡是由于吃了已在身体组织中蓄积了农药的蚯蚓。

使用农药消灭昆虫的效果是明显的。它也直接造成了一些河流和池塘中成千上万的鱼类或甲壳类动物突然死亡。虽然这种事故是悲惨的、令人吃惊的，但间接到达江湾、河口的农药所带来的看不见的、人们还不知道和无法测量的影响，却可能最终具有更强大的毁灭性。整个事件像一个巨大的谜团，至今也无法得出满意的答案。我们知道，从农场和森林中流出来的径流携带的杀虫剂正流入甚至是所有的河流，并最终进入大海。但我们不知道所有这些化学药品的种类，以及它们的总量是多少。而且一旦它们汇入海洋，我们当前还没有任何可靠的方法在高度稀释的状况下去测出它们。虽然我们知道这些化学物质在漫长的迁徙过程里肯定发生了变化，却无法知道最终的变化结果是什么，也无法知道毒性变得更强还是更弱。另外一个几乎未被探查过的领域是化学物质之间的交互作用。考虑到当有毒物质进入海洋后，很可能会和海洋里的众多无机物质混合并发生反应，这个问题就更加迫在眉睫。所有这些问题急需得到正确的答案，只有通过广泛的研究才能得出这些答案，然而用于这一目的的基金却少得可怜。

淡水和海洋的渔业关系到无数人的切身利益和福祉，目前来看，毋庸置疑的是，这些资源受到了进入水体的人工合成化学物质的严重威胁。研制这些化学物质的资金，只需要拿出一小部分来用于富有建设性的研究，我们就能找到使用危险性更小的材料的方法，也会找到清除水体里的残余有毒物质的办法。广大公众什么时候才能充分了解与认清事实，从而提出要求这样做呢？

第十章　自天而降的灾难

因此，英国生物学家才会将此形容为"死亡的雨"。

　　起初，在农田和森林上空喷洒农药是小范围的，但随着时间上的延续，范围越来越大。与此同时，喷药量也越来越大。因此，英国生物学家才会将此形容为"死亡的雨"。慢慢地，人们对化学药物的态度也悄然发生了改变。这一类化学合成物如果是被装在有明显标志的容器内，比如，在容器上绘制一个骷髅头像，标明剧毒，不能直接接触，人们在使用时就会小心谨慎一些。但如今这个原则早就被放弃了。随着新型有机杀虫剂的研制，加上第二次世界大战后过剩的那些飞机，尽管现在的化学合成物越来越危险，但让人吃惊的是，它们在被任意地喷洒。那些已经被喷过药的植物和沾染了药物的人类，都尝到了它们带来的恶果。不仅是森林、耕地，乡村和城市也无法幸免。

　　现在，相当多的人已经开始对从空中向数百万英亩土地喷洒有毒化学药剂感到不安，1950年后期所实施的两次大规模的喷药计划，更是加重了人们的这种不安。这两次计划都是针对美国东北部各州出现的舞蛾和火蚁。这两种昆虫都不是本地生物，但在这个国家已存在了许多年，并没有造成必须采取极端手段来控制的灾害。可是在"为了达到目的，可以不择手段"的观念驱动下（这种观念曾在很长一段时间里是我们的农业部针对病虫害的主导思想），行动突然就展开了。

　　消灭舞蛾的这一行动计划显得相当轻率，大规模的喷药计划取代了先前那种有节制的局部计划，这种人类的轻率性带来了难以估量的损失。另外，针对火蚁的计划成为夸大其词的代表，在完全没有了解消灭既定目标需要多大的药量，也完全不了解这样的行为会给生物带来怎样的危害时，就贸然展开，并且最终的效果也没有达到预期。

　　吉卜赛舞蛾原本是来自欧洲的一种生物，侵入美国后至今已有一百多年时间。

1896 年，一位法国科学家利奥波德·特罗维特不小心让几只这种蛾子逃出了他在马萨诸塞州梅德福的实验室。当时他正在尝试着让这种舞蛾跟桑蚕杂交。那之后，这种舞蛾开始在新英格兰地区扩散。之所以扩散的速度这样快，主要原因是风——这种舞蛾在幼虫(或毛虫)阶段是非常轻的，能乘风飞得很快很远；还有一个原因是，随着带有大量蛾卵的植物的转运，这种舞蛾能度过寒冷的冬季。到了春天，这种舞蛾的幼虫会持续好几个星期破坏橡树和其他硬木的叶子。如今，它们已经遍布整个新英格兰地区，在新泽西州也不时有所发现，那是因为，在 1911 年，一批从荷兰进口的云杉携带了这种舞蛾。至于它们是如何进入密歇根州的，目前还无法知道。1938 年，新英格兰的飓风把这种舞蛾带到了宾夕法尼亚州和纽约州，不过，阿迪朗达克山区因为生长着不吸引这种舞蛾的树木，成为了阻挡了它继续西行的一道屏障。

人们想方设法地把这种舞蛾限制在了美国东北部的一角，并且它在进入这个大陆将近一百年后，也没有侵入阿巴拉契亚生长着众多硬木的山区，因此那一带会遭到入侵的担忧没有得到证实。十三种寄生虫和捕食性昆虫被从国外引进，如今已经很好地在新英格兰地区定居并发展起来。农业部也认可了这些引进，认为它们大大降低了吉卜赛舞蛾泛滥成灾的可能性。自然抑制和有计划的局部喷药，加上严格的检疫措施，已取得了如同农业部在 1955 年所描述的那样的成果："害虫的分布和危害已被明显抑制。"

可是，就在做出这样的宣布后的一年，农业部植物害虫防治部门开展了一项新计划。这个计划宣称要"清除"舞蛾，每年给几百万英亩土地喷洒药物。（"清除"的意思就是，使得一个物种在某个地区完全灭绝。但之后的几次行动都失败了。为此，农业部不得不在一个地区反复使用"清除"这个词语。）

农业部消灭舞蛾的化学战规模惊人。仅 1956 年，在宾夕法尼亚、新泽西、密歇根、纽约州就有近一百万英亩的土地被喷了药。在喷药区，人们纷纷抱怨喷药造成了严重危害。随着大面积喷药的计划被确立后，环保人士开始担忧。1957 年，当农业部宣布要对三百万英亩的土地进行药物喷洒后，反对之声就日趋激烈。但面对这些反对之声，农业部的官员只是耸耸肩，表示"知道了"而已。

长岛区在 1957 年被纳入喷药范围。长岛地区的纳苏郡是纽约州除纽约市外人口最密集的区域，包括了很多人口稠密的城镇和郊区乡村，还有一些紧挨着盐沼的海岸地区。"舞蛾已在纽约市区中蔓延，需要进行药物防治"一直被一些人当作是借口来证明这一喷药计划是正当的，但实在是荒谬至极。舞蛾是一种森林昆虫，完全不可能在城市中生存，而且也不会在牧场、耕地、花园和沼泽地带生存。但1957年，还是由美国农业部联合纽约农业与商业部雇请了飞机喷洒 DDT。结果是，蔬菜园、奶牛场、鱼塘、盐沼都被喷洒上了药物。当飞机飞到郊区时，一名主妇正着急地把自己的花园遮盖起来，她的衣服上被洒上了药物，杀虫剂还洒到了玩耍的孩子和在车站赶着去上班的人群身上。在希托基特，有一匹良种的夸特马正在一个水槽前喝水，而这里被飞机喷洒过药物，这匹马在十小时后死去。汽车被喷洒得油迹斑斑，花朵还有灌木都枯萎了，鸟、鱼、蟹和有用的益虫都被杀死了。

一群长岛居民在世界著名鸟类学家罗伯特·库什曼·墨菲的率领下，上诉至法院，企图阻止1957年的喷药。在他们最初的上诉被驳回后，抗议的居民不得不忍受 DDT 的喷洒。不过，他们不懈努力，上诉要求对飞机喷洒药物实行永久禁令。可惜的是，因为行动已经展开，所以，法院判决这些市民要求的禁令毫无意义。这个案件一直被上诉到了最高法院，但最高法院拒绝接受申诉。律师威廉·道格拉斯对法院不肯重审这一案件的决定表示强烈不满，他认为：“由许多专家和官员所提出的关于 DDT 的危险性警告，说明了这一案件对民众的重要性。”

不管怎样，长岛居民的诉讼至少使民众注意到了不断增长的大量使用杀虫药的现象，注意到了昆虫防治部门侵害公民个人财产的权利倾向。

对很多人来说，对舞蛾喷洒药物的计划在执行过程中导致牛奶和农产品受到污染是一件不幸的意外事件。在纽约州韦斯切斯特郡北部一座耕地面积约两百英亩的农场——沃勒农场发生的事，就是其中一个很典型的例子。沃勒夫人曾经对农业部的官员强调不要在她家的农场上喷洒药物，但在对森林喷洒药物时，想要避开这座农场是办不到的。于是她提出可以对农场进行检查，如果发现舞蛾，可以采取定点喷洒进行处理。尽管官员们向她保证不会喷洒到农场，但她的农场还是经受了两次喷洒，并且还不得不接受这两次喷洒时飘过来的药粉。结果，在四十八小时后检测到，这座农场里的牛奶样品 DDT 的含量达到了百万分之十四；从母牛吃草的田野上取来的饲料样品经过检测，得出的结果也是被污染了。尽管这个郡的卫生局接到了通知，但并没有指示牛奶不能上市。这是一个顾客民众得不到保护的典型事例，很不幸的是，这种情况太普遍了。尽管食品和药物管理部门强调牛奶中不能含有杀虫剂成分，但这种要求没有得到严格执行，而仅仅是在州际之间的贸易中得到执行。州和郡的官员在没有任何压力的情况下，是没有遵守联邦法律对杀虫剂使用的规定的，除非本地区的法令和联邦规定一致。可惜，这样的情况很少发生。

蔬菜种植者也同样遭受损失，蔬菜的叶子焦枯了，并带有斑点，根本无法上市。蔬菜含有大量残毒，一份豌豆样品在康奈尔大学农业实验站被检测出 DDT 的含量高达百万分之十四至百万分之二十，而根据法律规定，最高允许浓度为百万分之七。因此，种植者们或是不得不忍受巨大的经济损失，或是明白他们自己处于贩卖超标残毒产品的状况中。他们中的一些人研究和收集了损失的情况，申请并得到了赔偿。

随着 DDT 更多地被在空中喷洒，法院接到的诉讼也日益增多。在这些申诉中，有一些是纽约州某些区域的养蜂人提出来的。甚至早在 1957 年喷药之前，养蜂人就已经受到了在果园中使用 DDT 带来的严重危害。一位养蜂人痛苦地说：“直到1953 年，我一直把美国农业部和农业学院所提出的每一件事都当作是天经地义的。”但在那年 5 月，这个人损失了八百个蜂群。在这个州被大面积喷药之后，所造成的损失是巨大而范围广泛的。他跟另外十四个养蜂人一起把州政府告上了法庭，他们一共遭受了二十五万美元的损失。其中有一位养蜂人，他的四百个群蜂在1957 年的喷药中被殃及，他报告说，一片森林的工蜂全部被杀死（是蜂巢中外出采集花蜜和花粉的），而在一个喷药量较少的农场，有一半的工蜂死亡。他写道：“你在 5 月份的时候走到院子里，却听不到蜜蜂的嗡嗡声，这是件令人难受的事。”

舞蛾的防治计划的实施，显得很不负责任。由于付款方式不是根据面积，而是根据喷药量，因此，很多飞行员为了获得更多报酬，常常会对一片区域进行多次喷洒。有很多喷洒合同是政府跟别的州的公司签订的，这些公司没有根据规定注册并明确法律责任。在这种职责不明确的状态下，果园和养蜂人的损失找不到索赔对象。

1957 年的灾难性喷药后，喷药次数突然减少，政府发表了一个含糊的声明说要对过去的工作进行“评价”，同时要测试其他杀虫剂。1957 年被喷药的面积是三百五十万英亩，1958 年则锐减到五十万英亩，1959 年到 1961 年，继续减少到十万英亩。在这个时间段里，昆虫防治部门想来一定会为从长岛传出来的信息不安。舞蛾的数量重新出现大幅度攀升。原本是想永久清除这种昆虫，不料昂贵的喷药计划却毫无作用，使得农业部在公众中丧失信任和声誉。

而在接下来的一段时间里，农业部的植物害虫防治人员似乎暂时忘记了舞蛾的事，因为他们又开始了另一项更为宏大的计划。"清除"这个词再一次出现在农业部的文件中，而这一次，他们在新闻稿中承诺要杀的对象是火蚁。

火蚁，因其身体上有红色的刺毛而得名。这种昆虫从南美经由亚拉巴马州的莫比尔港进入美国。在第一次世界大战后，最早就是在莫比尔港发现的火蚁，到1928年，火蚁已经扩散到莫比尔郊区，那之后蔓延的速度加快，很快就入侵到了南部的大多数州。

这种昆虫从侵入美国后四十多年的时间里，似乎并没有引起人们的关注。在那些受到火蚁入侵最多的州里，人们只是有点讨厌它们，讨厌的原因主要是这种蚂蚁会筑起一英尺多高的巢穴堆，影响到了农田里的机械作业。当时也只有两个州把这种蚂蚁列为害虫，但仅仅是在名单的最后面。看来不论是官方或者私人都不觉得火蚁对农作物和牲畜存在什么威胁。

但随着具有强大杀伤力的化学合成药物的出现，官方的态度突然出现了转变。1957年，美国农业部发动了历史上最著名的一次宣传活动。无论是政府的新闻稿，还是通过电影等手段，各种各样关于火蚁的故事都指向这种蚂蚁的攻击性，向人们传输了这样一个信息——火蚁是南部鸟类、牲畜甚至人类的杀手。为此，制定了一个宏大的计划，由联邦政府和受火蚁影响的州采取联合行动，在南方九个州内二千万英亩的土地上采取治理措施。1958年，当扑灭火蚁的计划正在执行中时，一家商业杂志兴奋地报道说："在美国农业部所执行的大规模灭虫计划不断增加的情况下，美国的农药制造商们似乎正在进入一次生产和销售的高峰时期。"

除了制造商们，从来也没有什么计划像这次的喷药计划这样受到广泛的指责。这是一个缺乏想象力、非常糟糕、十分有害的大规模控制昆虫的尝试。它不仅花费了大量金钱，还给生命带来毁灭，同时也使公众对农业部丧失信任。但让人难以理解的是，仍然还是有资金被注入进去。

那些并不被人们认可的理由，最初是得到了国会的支持的。他们声称，火蚁会毁坏农作物，会攻击在地面筑巢的鸟类，对南部各州的农业造成危害。还有人说，这种蚂蚁的刺能对人造成伤害。

这些理由站得住脚吗？由那些想得到拨款的官方证人所发出的声明，与农业部的重要出版物中的那些内容并不一致。1957年的一份公报《为控制昆虫损害农作物和牲畜的杀虫剂使用建议》里也没有提到火蚁。如果农业部承认这份公告是他自己出版的话，那么这就是一个巨大的"疏漏"。另外，在1952年的农业部专门讲述昆虫的百科年鉴中，也只有很小一段是关于火蚁的。

农业部声称这种蚂蚁对农作物和牲畜构成危害是毫无根据的。亚拉巴马州在对付这种昆虫方面有切身体会，其农业实验站进行了仔细研究，所持意见与农业部相反。亚拉巴马州的科学家说："火蚁对庄稼的危害是很少有的。"1961年出任美国昆虫学会主席的亚拉巴马州理工学院的昆虫学家F.S.艾伦特博士说，他的学员在过去五年中从未收到过任何有关火蚁危害植物的报告……也从未观察到火蚁对牲畜的危害。一直在野外和实验室中对火蚁进行观察的那些人说，火蚁主要是以各种昆虫为食，而这些昆虫中有很多是被认为对农作物有害的。有人观察到，火蚁会吃掉棉花上的象鼻虫，并且火蚁的筑巢行为实际上有着使土壤疏松和通气的作用。亚拉巴马州的这些研究已被密西西比州立大学考察所证实，而且远比农业部提供的证据可靠，因为农业部很显然只是根据过去的研究，或对农民的一些访问得出的结论，他们没有注意到很多农民会把不同种类的蚂蚁搞混。一些昆虫学家认为，随着火蚁种群的扩大，它们的食物习性也已经有所改变，因此，那些几十年前的资料毫无用处。

这种关于火蚁对健康与生命构成威胁的论点，是人为创造出来的。在农业部赞助拍摄的一部宣传电影（为了争取对其灭虫计划的支持）里，以火蚁为主角制造了一些恐怖镜头。当然，火蚁的刺很讨厌，人们也被再三提醒要像避开黄蜂或蜜蜂的刺一样，不要被这种刺伤到。对火蚁的刺，偶然也会有较为敏感的人群产生严重反应，医学文献中也有过人因为火蚁的毒液死亡的案例，不过没有得到证实。相对而言，仅1959年一年，人口统计局就统计到了有三十三人因遭到蜜蜂或黄蜂的袭击而死亡，但没有谁建议过"扑灭"蜜蜂和黄蜂。应该相信，当地的证据是最令人信服的，虽然火蚁已经在亚拉巴马州大量存在了有四十年之久，但亚拉巴马州卫生官员声称："本州从来没有过人类遭到火蚁袭击的记录。"并且，他们认为，火蚁袭击人类的事是"偶发性的"。在草坪和游戏场上筑巢的火蚁，可能使在那儿玩耍的儿童受到叮咬，可这绝非是给数百万英亩土地喷洒药物的依据。一般来说，只需要针有对性地处理这些蚁巢就能解决问题。

至于火蚁危害鸟类的说法也是毫无依据的。对此问题最有发言权的人当然是亚拉巴马州奥本市野生动物研究中心的主任莫里斯·贝克博士。他在这一地区工作了多年。贝克博士的观点跟农业部的正好相反，他认为："在亚拉巴马州的南部和佛罗里达州的西北部，我们可以看到很多鸟，其中北美鹑完全能与火蚁共存……亚拉巴马州的南部存在火蚁已有近四十年历史，而鸟类的数量一直都呈上升态势。如果火蚁危害到了野生动物，这样的情况绝不可能发生。"

相反，使用杀虫剂消灭火蚁会给野生动物造成怎样的影响则是另一回事。被用来对付火蚁的杀虫剂主要是狄氏剂和七氯，它们都是相对较新的化学合成药物。这两类药物以前从没在野外被大面积使用过，无法知道它们会对鸟类、鱼类以及哺乳类动物造成怎样的影响。我们所知道的是，这两类化学药物的毒性要比DDT的强很多倍，并且到那时，DDT已经被使用了将近十年，每英亩一磅的用量就足以造成鸟类还有鱼类的大量死亡。相对而言，狄氏剂和七氯的用量更大，大多数情况下，每英亩的用量都达到了两磅，要是想要同时消灭白边甲虫的话，每英亩通常会用三磅。从这类药物对鸟类的作用来看，每一英亩所规定使用的七氯相当于二十磅DDT，而狄氏剂相当于一百二十磅的DDT。

很多部门和人士对此项计划提出了紧急抗议，包括州环保部门、国家环保机构、生态学家和一些昆虫学家，都要求农业部部长叶兹拉·本森推迟该计划，至少等到明确了七氯和狄氏剂对野生及家养动物的影响，并且确定最小使用剂量后再执行。但这些抗议被置之不理，1958年喷洒药物的计划如期进行，一百万英亩的土地被喷洒了药物。显然，此时再做任何研究都为时已晚。

随着这个计划的执行，州和联邦的野生动物机构以及一些大学的生物学家，在研究后逐渐发现了越来越多的真相。研究证明，在有些喷药地区出现大量野生动物死亡，家禽、牲畜和家庭宠物也未能幸免。而农业部对此以"夸大""误导"为理由，将损失的真实情况加以封杀。然而，事实在迅速累积。其中最典型的当属得克萨斯州哈定县，在喷洒药物之后，负鼠、犰狳、浣熊几乎全军覆灭。即使是到了第二年的秋天，这些动物仍然很难见到。幸存的几只浣熊体内也被检测出化学药物的残留。

那些被喷洒了药物的地区的鸟类，看来是吸入或食用了用来对付火蚁的药物，对鸟类的化学分析已经证明了这点（唯一幸存下来的鸟类是家雀，其他地区也有证据说明这种鸟可能有抗药性）。在亚拉巴马州的一片开阔土地上，1957年喷药后，一半的鸟类被杀死，其中那些生活在地面或是多年生低矮植物丛中的鸟类的死亡率是百分之百，甚至在一年后那一带仍然见不到任何鸣禽，大片的鸟类筑巢区变得静悄悄，春天再也没有鸟儿的出现。在得克萨斯州，发现了死在窝边的燕八哥、黑喉鸦和百灵鸟，许多鸟窝已经被废弃。当死鸟的样品由得克萨斯、路易斯安那、亚拉巴马、佐治亚和佛罗里达等州送到鱼类和野生生物管理局进行分析后发现，百分之九十的样品都含有狄氏剂和一种七氯的残留物，其浓度超过百万分之三十八。

人们发现，在路易斯安那越冬、在北方繁殖的丘鹬体内留存有用来对付火蚁的那些药物的残留。导致这种情况出现的原因很清楚，丘鹬以蚯蚓为食，它们长有特殊的长长的喙，专门用来对付蚯蚓这类食物。在喷药后的六到十个月里，从来自路易斯安那州的蚯蚓样品的体内发现七氯的浓度达到了百万分之二十，一年以后浓度仍为百万分之十。丘鹬中毒的间接后果，也通过幼鸟和成鸟体内的毒药残留得到体现，这一点在喷药后的第四个月就显现出来了。

让南方那些狩猎者最为不安的是，一些与北美鹑有关的消息。这种在地面筑巢、觅食的鸟，在喷过药的地区已被全部消灭。在亚拉巴马州，野生物联合研究中心初步做了一次调查，在三千六百英亩被喷过药的土地上，过去共发现有十三个群、一百二十一只北美鹑分布在这个区域内，在喷药两个星期后，这个区域就只能见到死去的北美鹑了。死北美鹑的样品被送到鱼类和野生物管理局进行分析，分析的结果是，它们体内所含农药的浓度足以引起它们死亡。在亚拉巴马州发生的这一现象在得克萨斯州重演，该州用七氯处理了两百五十万英亩的土地，并因此失去了所有的北美鹑。百分之九十的鸣禽也随北美鹑一同死去，化学分析再次检测出存在于死鸟组织中的七氯。

除了北美鹑，野火鸡也因这项清除火蚁的计划而大量减少。在亚拉巴马州维尔克斯县的一片区域中，使用七氯前曾发现有八十只野生火鸡，但在喷药之后的那个夏天，再也见不到任何野生火鸡，有的只是一些未孵出的蛋和一只死去的幼雏。致使野火鸡死亡的原因和那些家养的火鸡相同，在接受过药物处理的区域内，那些农场里的火鸡也很少能孵化出幼雏，即使有少量的卵孵化出了幼雏，幼雏也会很快死亡。而邻近未受到过药物影响的区域却没有这种现象发生。

绝非只有火鸡才遭受了这种不幸。美国最著名和最受人尊敬的野生生物学家克拉兰斯·克特姆博士访问了一些自己的土地被喷洒过药的农民，这些人说所有树林里的小鸟在喷药后都消失了。他们中的大部分人报告说自己还损失了牲口、家禽和宠物。克特姆博士报告说："有一个人对喷药人员十分生气，他说他的母牛全都被毒药杀死了，他只能用埋葬或其他方法来处理这十九头死牛，另外，他还知道有三头或者是四头母牛也是死于这次药物处理的。一些牛犊仅仅因为吃了奶就也死了。"

　　克特姆博士所访问过的这些人都感到很困惑，他们不清楚，在自己的土地被药物处理后的几个月中究竟发生了什么。一个妇女告诉博士，在周围的土地被喷洒了药后，她把一些母鸡放了出去，结果，她不知道出了什么事，这些母鸡几乎孵不出小鸡，即便孵出来了也养不活。另外一个农民是养猪的，在喷过药物后的整整九个月里，他没有小猪可喂。小猪崽要么生下就是死的，要么生下后很快死去。类似的一个报告是来自另外一个农民的，他说三十七胎小猪本该有两百五十头小猪的，但只有三十一头活了下来。自从他的土地被喷洒过药物后，这个人就根本无法养鸡了。

　　农业部始终否认牲畜受到的损失与清除火蚁计划有关，然而佐治亚州贝恩桥的一位曾参与处理问题动物的兽医 O.L. 波伊特文博士却得出如下结论，他认为造成死亡的主要原因是杀虫剂。在用来清除火蚁的药物被喷洒后两周到数月的时间里，牛、山羊、马、鸡、鸟类和别的野生物会遭受到的通常是致命的神经系统损伤。这种损伤通常涉及那些接触被污染的食物和水源的动物，一般圈养的动物很少会受到影响。并且这种现象只出现在火蚁清除区域。同时，实验室的试验结果也有力地驳斥了农业部的说法。波伊特文博士和另外一些兽医的观察结果，被权威确认为是狄氏剂或七氯中毒。

　　波伊特文博士还描述了一头两个月大的牛犊出现七氯中毒的有趣病例。这头牛犊接受了全面的实验室检测，一个很有价值的发现是，在它的脂肪里发现了浓度为百万分之七十九的七氯。关键是，这发生在施用七氯五个月后，这头牛犊难道是从它所啃食的草中获得的七氯吗？如果不是，就只能认为它是从母乳里获得的。波伊特文博士对此提出疑问："如果七氯来自母乳，那么为什么不采取特定措施，以便保护那些食用当地产的牛奶的儿童呢？"

　　波伊特文博士的报告中还涉及了一个有关牛奶受到污染的严肃问题：由于那些处在清除火蚁计划之内的区域主要是田野和耕地，那么，生活在这些区域内的奶牛所受到的影响又是怎样的呢？被喷洒过药物的田野，青草无法避免地受到污染。如果这些青草被母牛吃进去，那么，农药残留必将在所产牛奶中出现。早在执行火蚁控制计划之前的 1955 年，就通过实验得出了七氯可以直接进入到牛奶里的结论，后来又得出了有关狄氏剂的同样的实验结果，而狄氏剂也是火蚁控制计划的一种主要药物。

农业部的年鉴如今也将七氯和狄氏剂列入了会造成草料污染的范畴，而这种草料不再适宜于用来饲养家畜。可农业部门的害虫控制机构却仍在大力推行将七氯和狄氏剂散布到南方很多草原地区的计划。有谁在保护消费者的利益，不再让他们的牛奶中出现狄氏剂和七氯的残毒呢？对此，美国农业部会毫不犹豫地回答说，它已劝告农民将他们的奶牛从被喷洒过药物的草场迁徙出去三十至九十天。考虑到受到影响的农场大多规模很小，而控制计划又是如此大规模的——经常会使用飞机从空中喷洒——所以，很难让人相信，农业部这样的劝告会被人们严格遵守或接受。从残余药物的稳定性角度来看，这样的期限也是远远不够的。

虽然食品与药物管理局对在牛奶中出现的任何农药残留都会感到不安，但它对此类情况的管理权限有限。在属于火蚁控制计划范围内的大多数州，奶业出现了严重衰退，它的产品无法运到外州去出售，看来，联邦灭虫计划造成了这场奶业危机，却把解决这一问题的麻烦留给了各州。1959 年寄给亚拉巴马、路易斯安那和得克萨斯等州的卫生官员和其他有关官员的一份调查材料披露，从来没有进行过实验验证，甚至完全不知道牛奶究竟是否已被杀虫剂污染。

同时，与其说是在那个火蚁控制计划开始执行之后，不如说是在其执行之前就已开展了对七氯特殊性质的研究；或者这样说更为准确，在联邦政府的灭虫计划带来的危害出现前的一些年中，有人就查阅了当时已公开公布了的一些研究成果，了解到了真实情况，并且企图阻止这一控制计划的实施。一个事实是，七氯会在动植物的组织中或土壤里存留一段较短的时期后，转化为毒性更强的环氧化物的形式，而这种转化通常被认为是由于风化产生的氧化物导致。食品与药物管理局发现，实验中用百万分之三十的七氯喂养的雌鼠，在两星期后，体内就会出现浓度为百万分之一百六十五的环氧化物。这种转化在 1952 年就已经被发现。

上述农药转化的事实在 1959 年只在生物学文献中有所记述，但还不十分清楚。当时食品与药物管理局就采取行动禁止食物含有任何七氯及其环氧化物的成分，这一禁令至少暂时给那个控制计划泼了冷水，尽管农业部仍在继续索取火蚁控制的经费，但地方农业管理人员已日益变得不愿劝说农民使用化学农药，因为这些农药可能使他们的产品变成法律上不能出售的东西。

简而言之，农业部没有对自己所使用的化学合成物进行最起码的常识范围内的调查，就盲目推行某些计划；即使进行了相应的调查，它也是在置所知道的事实于不顾。企图发现化学药物能达到灭虫目的的最小使用量是不可能的。在大剂量施用药物达三年之久后，突然在 1959 年减少了七氯的施用比例，从每英亩两磅减少到了一点二五磅，然后进一步减少到每英亩零点五磅，在三到六个月期间的两次喷药中施用量为每英亩零点二五磅。农业部的一位官员把这一变化描述为"一个有进取性的、对计划的修正"。这种修正说明了小剂量使用还是有效的。假若这种报告早在计划发起之前就被人们所知晓的话，那么，就有可能避免如此大的损失，并且纳税人也不用为此付出大量的金钱。1959 年，农业部可能试图消除对该计划日益增长的不满，他们主动提出对得克萨斯州的土地所有者免费供应这些化学药物，与此同时，这些土地所有者要与其签订不向联邦、州及地方政府索赔的合同。就在同年，亚拉巴马州开始对化学药物所造成的损失感到惊慌和气愤，因此，拒绝继续使用用于该计划的基金。当地一位官员对整个计划进行了形象的描述："一个愚蠢、草率、失策的行动，一个蛮横无视其他公共和私人的利益的典型例子。"尽管缺少州里的资金，联邦政府的钱却仍然源源不断地继续流入亚拉巴马州，并且在 1961 年的议会有关立法部门又被说服拨出一小笔经费。与此同时，路易斯安那州的农民们对此计划的签订表现了日益增长的不满，因为对付火蚁的化学药物的使用，同时也导致了甘蔗害虫的大量繁殖。归根结底，这个计划显然一无所获，这种可悲的状况已由农业实验站、路易斯安那州立大学昆虫系主任 L.D. 纽塞姆教授在 1962 年春天作了简明的总结："由州和联邦代办处所指导的'清除'外来物种火蚁的计划是彻底失败的，在路易斯安那州，火蚁的蔓延范围要比控制计划开始前更大了。"

看来，一种倾向于采取深思熟虑、稳妥的办法的趋势已经开始。据报道，佛罗里达州现在的火蚁比控制计划开始时更多。佛罗里达州发布通告说，它已拒绝采纳任何有关大规模清除火蚁计划的意见，而准备改用小区域集中控制的办法。

有效的、少花钱的小区域集中控制的办法多年来已为人们所熟知。火蚁具有巢丘栖居的特性，而对个别巢丘的化学药物处理是件非常简单的事，而且这种处理每英亩只需要花费一美元。在那些巢丘很多而又准备实行机械化处理的地方，耕作者首先可以把平土地，然后直接向巢丘施放农药，这种办法已被密西西比农业实验站通过实验得以验证，它能有效控制百分之九十至百分之九十五的火蚁，并且每英亩只需花费两点五美元。而农业部那个大规模控制计划每英亩要花费三点五美元，而且它还是所有计划中花钱最多、危害最大、收效最小的。

第十一章　超过了博尔基亚家族的梦想

一个人要找到不含 DDT 和类似化学药物的食物，必须到一个遥远而原始的地方，彻底放弃现代文明的舒适生活才行。

我们的世界受到的污染不仅仅是一个大规模喷洒药物的问题。对于我们大多数人来说，这种大规模喷药与我们日复一日、年复一年所遭受的那些无数小规模有毒物质的侵害相比，其严重性就显得不那么重要了。人类正在持续性地或者从生到死都在与危险药物进行接触，最终很可能会带来严重危害。不管一次接触的量是多么轻微，这种持续性的接触会使得化学合成物在我们体内的蓄积，并最终导致累积性中毒。可能没人能够避免同这种正在日益蔓延的污染物的接触，除非他生活在一种想象出来的、与世隔绝的境况中。由于受到花言巧语和刻意隐瞒真相的劝说者的诱导，普通人很少能觉察到自己正在被这些有毒的物质包围，而他们确实可能没有意识到自己正在使用的是一些有毒的物质。

广泛使用毒素的时代已经彻底地到来，以致任何一个人都可以在商店随便买到远超过某些医药药品致死量的化学物质，而不会有谁对此提出哪怕一点质疑。与此形成鲜明对比的是，如果你想要购买带点副作用的医疗药品，都会被要求登记。倘若一个人对他要购买的化学药物拥有最起码的知识，任何对超市的调查结果都足以吓倒那些最大胆的顾客。如果在杀虫剂商店外面挂起一个画有骷髅和交叉的大腿骨的死亡标记的话，那么，顾客进入商店时至少会心怀对致死物质、通常该有的敬畏。在这样的商店里，琳琅满目的杀虫剂像其他商品一样被醒目地陈列着，它们紧挨着走廊另一边的泡菜和橄榄，并与洗澡、洗衣用的肥皂并列摆放在一起。装在玻璃容器中的化学药物往往被放在儿童容易够到的地方，一旦这些玻璃容器被儿童或粗心的大人碰到掉在地板上摔碎，周围的任何人都可能被溅上这些药物。而这些药物曾导致那些喷洒过它的人生病。同时，这种危险不可避免地会随着它的买主一起进到他的家里。例如，在一个盛有 DDT 防蠹物质的罐子上，很精致地印着一个警告，说明它是高压填装的，如果受热或遇见明火，就可能爆裂。一种有多种用途（包括在厨房中使用）的普通家用杀虫剂的三要成分就是氯丹。然而，食品和药品管理局的一位药物学家已经声明："在被喷洒过氯丹的房子里居住是具有很大的危险性的。"而另外一些家用杀虫剂含有毒性更强的狄氏剂。

在厨房中使用这种毒剂很方便，也很吸引人。厨房的贴纸无论是白色的或其他人们喜爱的颜色，都可以喷洒上杀虫剂，而杀虫剂能很容易就浸透。制造商们向我们提供了一个自己动手消灭臭虫的小册子，这本小册子里说，一个人可以朝着自己的小房间、偏僻的地方和护壁板上最不易达到的角落和裂缝，像按电钮那么方便地喷洒狄氏剂的烟雾。

如果我们被蚊子、沙蚤或其他对人类有害的昆虫厮困扰，我们就可以有很多种选择，把洗涤剂、擦脸油和喷雾剂用在衣服和皮肤上，尽管我们已被告诫说这些物质中有一些能溶于清漆、油漆和人工合成物，但我们仍然幻想这些化学物质不会透过人类的皮肤。为了保证我们任何时候都能击败昆虫，纽约一家高级商店推销着一种杀虫剂袖珍散装包，它既适用于仓库，也适用于海滨、高尔夫球场和渔具。

我们可以用一种药蜡涂打地板，来保证杀死任何在地板上活动的昆虫；我们可以在我们的壁橱和衣柜挂上一条用被称作林丹的高丙体六六六浸过的布条，要不就把这根布条放在我们写字台的抽屉里，可以让我们有半年时间不必担心蠹虫。那些推销药品的人和广告，并没有同时说明林丹是存在很大危险的。一种发明出来的电子设备专门被用来喷洒林丹，他们只说这种设备没有异味，说它安全，但实际上美国医学协会认为林丹雾化器存在危险，因此，医学协会发起了一场运动，在它的专属刊物上抵制使用这种雾化器。

农业部在《家庭与花园通讯》中建议人们采用油溶性的 DDT、狄氏剂、氯丹等除虫剂对付蛀虫，如果由于过量喷洒而留下杀虫剂的白色沉淀物的话，农业部说可以轻易将其刷掉。但是它忘了告诉我们要注意在什么地方刷和怎样刷。于是，我们不得不跟杀虫剂整天生活在一起，因为就连我们盖的毯子也是浸过狄氏剂的。

现在，园艺也是和各类超级毒剂紧密联系在一起的。每家五金店、园艺用具商店和超市都有大量的除虫剂出售，它们被排列摆放起来供人们挑选。那些尚未经常使用众多致死喷剂和药粉的人看来是落伍了，因为几乎所有报纸的园艺专栏和大多数园艺杂志都宣扬说使用这些药剂是理所当然的。

甚至那些速效的有机磷杀虫剂也被广泛地施用于草地和观赏植物，以致佛罗里达州卫生委员会在1960年认为有必要禁止那些没有许可证、不符合标准的人，在居民区使用杀虫剂。在此之前，由于对硫磷中毒引起的死亡事件已有多起。

虽然发出了一点警告，但没人提醒人们他们正在使用的是非常危险的有毒化学品。然而，市场上正源源不断出现的一些新的设备，使得草坪和花园中使用毒剂变得更为容易，同时增加了园艺工作与这些化学品接触的机会。例如，人们很容易就能在塑料管上安装一个灌装设施，借助于这种装置，氯丹和狄氏剂就能随水流一起洒在草坪上。这样一种装置不仅对使用水管的人是危险的，同时还会危及他人。《纽约时报》认为有必要在它的园艺专栏刊登一个警告，告诫人们除非使用了保护装置，类似于在水管上安装的这类装置会由于反虹吸作用把有毒化学品吸入供水系统。考虑到这种装置正在大量地被使用，同时很少有人发出警示，还需要质疑我们的公共水源是否已经受到了污染吗？

为了说明园艺工的处境，我们来看看一个医生的案例。这位医生是一个热情的业余园艺爱好者。开始，他在家里的灌木丛和草坪上每周有规律地使用DDT，后来又用马拉硫磷。有时，他会用手持喷壶，有时借助于水管上的那种附件直接把药加入水管中。当这样做的时候，他的皮肤和衣服经常浸染到药水。大约一年后，他突然病倒，并且住了院。医生对他的脂肪活组织样品进行检测后，发现他的脂肪内含有浓度达百万分之二十三的DDT残留。这位医生的神经受到了严重损伤，他的医生认为这种损伤可能是永久性的。随着时间的推移，他的体重减轻，经常感到极度疲劳，患了特殊的肌无力症，这是典型的马拉硫磷中毒症状。这些已严重到让这位园艺爱好者无法再从医。

除了一度是无害的花园喷水水龙头之外，割草机上也被安装了喷洒杀虫剂的装置。当人们在草地上割草时，这种装置能喷出白色的烟雾。这样，除了原有的燃油尾气外，又添加了新的均匀分撒开的农药微粒。因此，郊区居民毫不怀疑使用割草机的结果，就是加重了空气的污染，其程度之高很少有城市能赶上。

还有一点要谈到，即关于用毒剂整饬花园和在家庭里使用杀虫剂的时髦风尚的危害。印在商标上的警告占地方很小，也不显眼，以致几乎没人有心去读或遵守它。有一家公司做过一个调查，试图弄清究竟有多少人注意到了这些说明。调查表明，在使用杀虫剂时，一百个人中，注意到了容器上的警示的不超过十五人。

现在，郊区居民已习惯了只要能清除马唐草，就会毫无顾忌地使用一袋袋化学药品。从这些除草剂的外包装的品牌名字上，毫无可能看清它们的品种和内容。要想知道这些袋子里装的是氯丹还是狄氏剂，人们必须用心仔细去读用小号字体印在袋子最不显眼地方的文字。人们很难在任何五金店或园艺用品商店里得到那些与处理和使用这些农药有关的技术资料。相反，得到的资料却是一种典型的说明书，说明书描绘了一个幸福家庭的景象：父亲和儿子微笑着正准备去向草坪喷洒农药，小孩子和一只狗正在草地上打滚。

食物中的农药残留问题是一个热门话题。食物中的药物残留要么被厂家刻意淡化，要么被厂家直接拒绝承认。同时，如今有一种强烈的倾向，即给所有那些坚持要求避免食物受到杀虫剂污染的人扣上"狂热"的帽子。在所有这些争论的迷雾中，真相究竟是什么呢？

医学已经确认，在DDT时代到来前（约1942年）出生和死亡的人，其身体组织中没有任何DDT或者类似化学合成成分。如第三章所述，从1954年到1956年，从普通人群中所采集的人体脂肪样品中，平均含有百万分之五点三至百万分之七点四的DDT残留。目前有证据证明，从那时开始，平均含量水平一直在持续上升。当然，对那些由于职业和其他特殊原因而暴露在杀虫剂下的人，其积蓄量自然就更高。

没有直接接触过杀虫剂的人群体内脂肪中存在的DDT残留很可能来自食物。为了验证这一假设，由美国公共卫生服务处组成一个科学小分队去采集餐馆和大学食堂的膳食，发现每一种膳食样品中都含有DDT。由此，调查者们有充分的理由得出结论："几乎不存在可使人们信赖的、完全不含DDT的食物。"

被污染的食物数量是非常多的。在公共卫生署的一项独立研究中，监狱膳食分析结果显示，炖干果里含有百万分之六十九点六的DDT残留、面包含百万分之一百零九的DDT残留。

而在一般家庭的食物中，肉和任何由动物脂肪制成的食品都含有氯化烃的残留，这是因为这类化学物质溶于脂肪；而在水果和蔬菜中的残留要少一些，这是因为冲洗起了一定作用。最好的方法是把像莴苣、白菜这样的蔬菜的外层叶子去掉，削掉水果皮，并且不要再去利用果皮或者是无论什么样的外壳。烹煮并不能消除化学药物的残余。

牛奶是由食品与药物管理条例规定不允许含有农药残留的少数食品之一。然而事实上，无论什么时候进行抽样检查，药物残余都会被检测出来。在奶油和其他大规模生产的奶酪制品中，农药的残留量是最大的。在1960年对这类产品的四百六十一个样品进行了化验，结果表明三分之一含有残留。食品与药物管理局这样描述这种状况"远远不足以鼓舞人心"。

一个人要找到不含DDT和类似化学药物的食物，必须到一个遥远而原始的地方，彻底放弃现代文明的舒适生活才行。这样的土地也许存在于遥远的阿拉斯加北极海岸的边缘地带，但甚至在那儿，也会感受到正在逼近的环境污染的阴影。当科学家对该地区因纽特人的食物进行检测时，发现这些食物没有受到杀虫剂的污染。鲜鱼和干鱼、海狸肉、白鲸、驯鹿、麋、北极熊、海象的脂肪、蔓越橘、鲑浆果和野大黄，所有这些都未被污染。仅有一个例外是，来自波因特霍夫的两只白猫头鹰，它们的体内含有少量DDT，很可能是在迁徙的过程中受到的污染。

对一些因纽特人身体的脂肪进行抽样分析时，发现了少量DDT残留（零到百万分之一点九）。导致这样的结果的原因是很清楚的，这些脂肪样品是从那些离开其居住地，前往安克雷奇美国公共卫生署医院做手术的人身上采取的。那里早已经进入现代文明，医院的食物完全与人口密集的城市一样含有化学合成物成分。这些因纽特人只要在今天的文明世界稍作停留，就难以避免地会受到污染。

由于对农作物普遍喷洒了药物，所以，不可避免地会导致我们所吃的食物里留有一定氯化烃类的残余。假若农夫严格遵守说明使用农药，那么药物残留就不会超过食品与药品管理局的规定。暂且先不考虑这些残留标准是否如他们所说的那样"安全"，一个众所周知的事实是，农民们经常会在临近收获期时超标使用农药，并且还会多次使用，根本不去注意那些小号字的说明。

甚至连生产农药的厂家也经常发现农民滥用杀虫剂，为此，他们认为需要对农民进行教育。这个行业内的一份主要刊物最近宣称："看来很多使用者不懂得如果使用农药，超过了所推荐的剂量，他们就会造成虫子的耐药性。很多在作物上杀虫剂的滥用，都是农夫们心血来潮的结果。"

在食品与药物管理局的档案中有很多类似的例子，有些例子很好地说明了农夫们无视使用说明的程度：一位种莴苣的农民，他在临近莴苣收获时不是施用一种，而是同时施用了八种不同的杀虫剂；一位运货的人在芹菜上使用了剧毒的对硫磷，其剂量相当于最大容许值的五倍；尽管药物残留被禁止，种植者们仍对生菜使用了异狄氏剂（毒性最强的氯化物）；菠菜也在收获前的一周被喷洒了DDT。

也有偶然和意外污染的情况。大量装在粗麻布袋中的绿咖啡受到了污染，因为当它们在运输时，那艘负责运输的船上同时装有一批杀虫剂。存在仓库里的封装食物也受到了DDT、林丹和其他杀虫剂的污染，原因是这些杀虫剂可以渗透包装材料进入食品。食品储存的时间越长，就越容易受到污染。

有人会问："难道政府就不保护我们免于遭受这些危害吗？"对这个问题的回答是："能力有限。"在保护消费者免遭杀虫剂危害方面，食品与药物管理局受到两种因素的限制，一个是该局只对州际之间的交易拥有管辖权，即使存在违法行为，它对只在一个州内部生产与销售的食品也不拥有管辖权；另一个因素是该局监察人员人数太少，只有不足六百人。食品与药物管理局的一位官员说，只有极少量的州际贸易的农产品（远小于百分之一）能够利用现有设备进行抽样检查，这样取得的统计结果是有失偏颇的。至于在一个州内生产和销售的食物，情况就更糟了，因为大多数州在这方面根本没有完整的法律法规。

由食品与药物管理局所规定的污染最大容许限度（称为"容许值"）有明显的缺陷。在使用农药的风气盛行的情况下，这一规定成为了一纸空文，反而造成一种假象，即安全限制已经确定并且得到了很好的执行。至于说到允许少量有毒物质被用于食品的安全性，有太多人认为没有任何一种有毒物质是安全或者是人所需要的。为了得到一个安全的容忍度，食品与药品管理局会通过审查药物对动物的实验结果，以此为依据来确定一个污染度的最大上限，这个值远小于引起实验动物出现中毒症状的数值。这样一种系统看上去足够保证食品的安全，实际上忽略了很多关键因素。生活在人为控制下的实验动物，所摄入的化学药品是受控的，而人所接触的农药不仅仅种类多，而且是反复接触的，并且大部分是未知的、无法测量和不可控制的。即使宴会上的沙拉中生菜含有百万分之七的DDT是"安全的"，但还有其他的食物，在每一种食物中都含有一定量的残留。另外，正如我们已经知道的，通过食物摄入的杀虫剂仅仅是人类接触到的杀虫剂的很小一部分。从多种渠道叠加而来的化学药物构成了一个不可测的总摄入量。因此，单独讨论任何一种食物中残毒量的"安全性"是毫无意义的。

另外，还有一些问题。有时容许值是在违背食品与药物管理局的科学家所做出的正确判断的情况下得出的（后面将就此给出一些相关案例），或者是在对某种化合物缺乏基本认识的前提下给出的。之后有了更充分的了解，会减少或干脆放弃已经制定的容忍值，但公众已经因此被迫接触到了危险剂量的化学药物很长一段时间了。曾经给七氯定过一个容忍值，后来被取消。在一种化学物质被登记使用之前，由于没有进行过野外实用分析就已经开始登记使用，导致通过检查很难找到此类化学品的残留。这一情况极大地阻碍了"蔓越橘化学品"氨基三唑的残留检查工作。对某种被普遍应用于种子处理的灭菌剂也同样缺少分析方法。而如果在种植季节结束前，这些种子没有被扔掉的话，它们很可能成为我们的食物。

事实上，确定容忍值将意味着允许供给公众的食物使用有毒化学物质，这可以降低农民和农产品加工业的成本，却不利于消费者。消费者必须纳税以供养相关机构来保证自己不会吃到致死剂量的有毒化学品。但鉴于目前农药的使用状况，监察工作必须要投入大笔的资金，议会任何相关人士都无法确保可以获得这样一大笔拨款，于是，最终的结果就是，消费者虽然缴纳了税，却仍然得不到有效保护。

对此有没有解决办法呢？首先要做的是废除氯化烃、有机磷组和其他强毒性化学品的容忍值。这一建议当然会马上遭到强烈反对，他们会以农民将因此增加沉重的负担作为自己反对的理由。但既然能像目前这样把 DDT 的残留控制在百万分之七、对硫磷的残留控制在百万分之一、狄氏剂的残留控制在百万分之零点一，那为什么不干脆彻底地消除残留呢？事实上，目前已经禁止了一些农产品出现某种化学药物残留，最典型的是七氯、异狄氏剂、狄氏剂。假如能做到针对某类化学品的禁令，那为什么不将其扩大到所有农作物呢？

但这不是一个彻底和最终的解决办法。一个纸面上的容忍值是没有任何意义的。当前，如我们所知，州际运输的食物有百分之九十九没有得到过检查。因此，我们迫切需要食品与药物管理局有更高的警惕性和积极性，并扩大检查人员的队伍。

然而，这样一种制度——先有意地毒化了我们的食物，然后又对这一结果施加司法管理——使人不能不想起路易士·卡罗尔这位"白衣骑士"，他想把自己的络腮胡染成绿色，然后拿一把扇子遮住不让人看见。前提是尽可能少地使用并尽可能减少误用有毒化学物质导致公共危害。如今我们已经有了这样一些产品，例如除虫菊酯、鱼藤酮、鱼尼汀和其他来自植物的生物制品。除虫菊酯的人工合成代用品最近也已经被开发出来了，只要需要，一些生产国已经做好了准备随时提高这类来自天然的产品的产量。我们迫切需要商家在销售自己的商品时，向公众宣传教育所出售的化学物质的性质，因为普通消费者总是会被各类名目繁多的杀虫剂、灭菌剂和除草剂弄得不知所措，根本无法分清哪一种是含有致命的剧毒，哪些是较为安全的。

此外，为了促使这些农药变成危险性较小的农业杀虫剂，我们应该努力地探索非化学的方法。现在正在加利福尼亚进行实验，研究能导致特定昆虫患病的细菌，用来治理农作物虫害。并且，这种方法的扩大实验目前正在进行。除此之外，还有很多方法既能有效防治病虫害，同时又不会在食物中留下残留物（见第十七章）。在这类方法得到足够关注前，我们将不可能从这种不可容忍的情况中得到任何安慰。就当前的情形看，我们的处境比起博尔基亚家族的客人来，要好得多。

第十二章　人类的代价

错乱、幻觉、健忘、狂躁——这就是为了消灭昆虫所付出的沉重代价。只要我们坚持使用那些会摧毁我们的神经系统的化学药物，我们就将不得不继续付出这样的代价。

化学品在工业化时代里正如同海啸般吞噬着我们的环境，公共健康也变得越来越成为一个严重的问题，并且形式也发生了巨大的变化。就在昨天人类还在为天花、霍乱、鼠疫等的肆虐而恐惧，今天，我们所关心和焦虑的已不再是那些曾影响全世界的疾病。更好的生活条件、更好的卫生习惯与环境，使得人类很好地控制了传染性疾病。但与此同时，另一类潜在于环境中的危害，正在引起我们越来越大的担心。这类危害由我们自己制造并引入我们的生活，它随着人类现代生活方式的改变而不断变得严重。

新的环境健康问题是多样性的，比如，各种辐射，比如，杀虫剂等难以穷尽的化学合成物导致的问题。尤其是如今这些化学物品已渗入到了我们生活的方方面面，正直接或间接、单独或联合地毒害着我们。这些化学药物的出现给我们投下了一个长长的不祥的阴影，这样的阴影因为无影无形、难以捉摸，所以更为可怕。作为人类，我们的一生都可能与化学物品以及未曾被体验过的物理因子接触，却完全不知道会带来怎样的后果。

美国公共卫生署的大卫·普莱士博士说："我们一直生活在恐惧中，担心环境会被某种事物毁灭，从而使我们遭受到恐龙一样的命运。比这更让人担忧的是，很可能在二十年前，当病症还没出现时，我们的命运就已经注定。"

杀虫剂与环境性疾病的相关性表现在什么地方呢？我们已经看到化学物品污染了土壤、水和食物，它们能使河中无鱼、林中无鸟。而人是大自然的一部分，尽管他很不愿意承认这一点。但在一个遍及污染的世界，人类能够幸免于难吗？

我们知道，如果摄入的化学药物剂量达到一定限度，即使是第一次接触，也很可能导致中毒。不过这不是最主要的。农民、喷药人、飞行员和别的接触一定量杀虫剂的人突然发病或死亡，是本不该发生的悲剧。从整个人类层面来看，在无形中污染环境的杀虫剂被人类吸收并引起的延迟效应，才是我们最该关注的。

有责任心的公共健康官员已指出：化学药物对生物的影响是长期积累性的，并且对一个人的危害取决于他一生中所摄入的总量。正因如此，这种危险才很容易被人忽视。人们习惯轻视那些在未来可能给我们带来危害的事物。有一位明智的医生雷内·杜巴斯达博士这样说："人们平常只重视那些症状明显的疾病，不会去注意那些悄然逼近的最危险的敌人。"

正如同对密歇根州的知更鸟或对米拉米奇河流里的鲑鱼一样，对每个人来说，这都是一个相互关联着的问题。我们毒杀了一条河流上的让人讨厌的石蛾，同时也毒杀了鲑鱼；我们毒死了湖中的蚊蚋，于是这些毒素就在食物链中由一环进入到另一环，要不了多久，湖滨的鸟儿们也成了牺牲品；我们向榆树喷药，于是在随后而来的那个春天再也听不到知更鸟的歌声。这不是因为我们直接向知更鸟喷了药，而是因为毒素能通过著名的榆树叶——蚯蚓——知更鸟循环，一步步发生转移。上述这些都是被记录在案、真切地在我们身边发生着的。这一切所展现给我们的是一张生命（或者死亡）的网，科学家们把它称为生态学。

与此对应，我们人类的身体内也存在一个生态世界。在这个看不见的世界中，很小的病变就会带来严重的后果，并且这样的后果往往很难找到明确的原因，因为结果通常会远离最初受到伤害的部位。有关当前医学研究动态的一个近期总结对此是这样说的："在一个小部位上的变化，甚至一个分子层面的变化都可能影响到整个系统，并在那些看来似乎无关的器官和组织中引起变化。"对一个关心人类身体神秘而又奇妙功能的人来说，会发觉原因和后果之间很少能轻易表现出联系来。它们可能在空间和时间上完全脱节。为了发现发病与死亡的原因，需要把很多看似孤立、相互无关的事实耐心地联系在一起，这些事实是通过在广阔的、相互无关的许多领域中进行非常大量的研究工作而取得的。

我们习惯于注意那些明显而直接的影响，却很少或完全不会去研究其他方面。除非这一影响以一种显著的形式突然出现，否则我们总是想否认危害的存在。由于没有适当的方法去发现危害的起源，甚至连研究人员也因而受害，所以，缺少充分、精确的方法在症状出现前就发现危险，这是我们的医学一直未能解决的一大问题。

有人会反驳说："不过，我已经多次将狄氏剂喷洒到草地上了，而我从没像世界卫生组织的喷药人那样发生过惊厥，所以，狄氏剂对我没有伤害。"事情远没有那么简单。一个处理过这类药物的人，毒素毫无疑问会在他体内积累起来，虽然并没有发生突然的和引人注目的症状。正如我们所知，氯化烃在人体的贮存是通过极小的摄入量而逐渐积累起来的，这些毒性物质会渗入身体所有含脂肪的组织中。只要脂肪在人体中存在，毒素就会很快进驻。新西兰的一本医学杂志最近提供了一个例子：一个正在接受肥胖症治疗的人突然出现中毒症状，经检查，发现他脂肪中含有积累的狄氏剂。而这些狄氏剂在他减轻体重的过程中已发生了代谢转化。同样的情况也可以发生在由于疾病而变瘦的人身上。

另一方面，毒素积累的影响也可能是不明显的。几年前，美国医学学会杂志曾对能贮存在脂肪组织中的杀虫剂的危害发出强烈警告。这本杂志指出那些在身体组织中有积累性的药品和化学物质，比起那些不具有积累倾向的物质更加需要小心对待。我们被警告说，脂肪组织不仅是一个贮存脂肪的地方（脂肪约占体重的18%），而且还有许多重要的功能，累积的毒素可能干扰了这些功能。况且，脂肪非常广泛地分布在全身的器官和组织中，甚至是细胞膜的组成部分。因而，记住这一点是非常重要的，脂溶性杀虫剂可以贮存在个体细胞中，它们在那儿能够扰乱氧化和能量的产生这类极为活跃和人体必需的功能。这一问题的重要性在下一章将会谈到。

关于氯化烃杀虫剂，最需要注意的事实之一是，它们对肝脏的影响。在人体所有器官中，肝脏是最不寻常的。从它的功能的广泛性和不可或缺性来看，肝脏的作用是无可替代的。肝脏控制着许多关键的机体活动，因此，即使它稍受危害也极可能引起严重的后果。它不仅产生胆汁去消化脂肪，而且由于其特殊的位置和众多的循环渠道的聚集，肝脏能直接得到来自消化道的血液，它由此而深刻参与了所有主要食物的新陈代谢。它以肝糖的形式来贮存糖分，而以葡萄糖的形式释放出精确定量的糖分，以此来保持血糖的正常水平。它制造了身体中的蛋白质，其中包括一些十分重要、与血液凝结有关的血浆组分。肝脏在血浆中保存着胆固醇的固有水平，当雄性激素和雌性激素超过正常水平时，肝脏就会起钝化激素的作用。肝脏是许多维生素的贮存地，反过来，一些维生素也有助于肝脏保持自己的正常功能。

如果肝脏无法正常起作用，那么人体就会被解除武装——无法防御不断入侵的各种毒素，其中一些毒素是正常新陈代谢的副产品，肝脏能迅速、有效地排除掉这些毒素中的氮元素，从而使这些毒素转为无害。一些外来的异常毒素也能被肝脏化解。"无害的"杀虫剂马拉硫磷和甲氧基氯的毒性之所以小于它们的亲族，只是因为肝脏酶可以处理它们。通过这一处理，它们的分子结构会发生改变，因而它们致毒的能力也被削弱了。以同样的方式，肝脏处理了我们所摄入的大部分有毒物质。

　　我们抵抗外来毒素和本体毒素的这一防线现在已被削弱，并且正在崩溃之中。一个受到杀虫剂危害的肝脏不仅不再能保护我们免受毒害，而且它的大多数功能都可能被损害。这一后果不仅影响深远，而且由于变化多端和不会立即显示出来，使人们很难发现引起这些后果的真正原因。

　　由于现在普遍使用导致肝脏中毒的杀虫剂，观察患肝炎人数的急骤上升是很有趣的。肝炎患者数量的上升开始于20世纪50年代，并一直持续地以波浪式上升。据说，肝硬化患者也在增加。虽然证明原因甲导致结果乙是件困难的事——在人类中证明这件事比在实验动物中更难，但常识就能告诉我们，肝脏疾病的剧增与环境的变化有着不可否认的关系。究竟氯化烃是不是主要原因，在当前我们广泛接触这些毒剂的情况下，这个问题看来很难弄清。但既然这些毒剂已被证明具有毒害肝脏的能力，让我们深受毒剂的影响至少不是明智的做法。

　　氯化烃和有机磷酸盐这两种主要的杀虫剂都会直接影响神经系统，虽然作用方式有所不同。这一点已经通过大量的动物实验和对人类的观察得到证实。DDT作为首先被广泛使用的有机杀虫剂，它的作用主要是影响人的中枢神经系统，小脑和高级运动神经皮质被认为是主要受影响的区域。根据一本标准的毒素学教科书记载，诸如刺痛感、发热、瘙痒，还有发抖，甚至惊厥等感觉，都可能与接触了足够量的DDT有关。

　　对DDT引起的急性中毒症状的第一次认识是由几位英国研究者提供的，他们为了解DDT的作用，有意让自己直接接触DDT。英国皇家海军生理实验室的两位科学家则通过皮肤直接接触水溶性涂料吸收DDT，这些涂料含有百分之二的DDT。这些DDT是附在一层薄薄的油膜上的。在他们关于自己症状的口头叙述中，很清楚地证明了DDT对神经系统的直接影响："困倦、疲劳和四肢疼痛，精神状态也极为糟糕……易受刺激，讨厌任何工作，当遇到最简单的需要思考的课题时，感到脑子不够用。这些痛苦交织在一起常常是相当恐怖的。"

　　另外一位曾在自己皮肤上涂抹 DDT 丙酮溶液的英国实验者报告说，他感到四肢沉重和疼痛，肌肉无力，而且有"明显的神经性痉挛"。他休息了一段时间，身体有所好转，但等他回到工作岗位后，状况又恶化了。那之后，他在床上躺了三周并受到持久的四肢疼痛、失眠、神经紧张和忧虑感的折磨。有时候他会浑身颤抖，这种颤抖就是我们现在已经熟悉的鸟类 DDT 中毒的症状。这位实验者因此十周未能正常工作，那一年年底，当他的病例在一本英国医学杂志上被报道出来时，他还未完全恢复。（尽管有这样的证据，在志愿者身上进行 DDT 实验的美国研究者还是把头痛和"每处骨头都疼"归于神经症。）

　　如今，太多案例都把发病原因指向了杀虫剂。这些患者都曾经与某种杀虫剂接触过，在采取了将所有杀虫剂从他们所处环境中消除掉等措施后，病状就会消失。更意味深长的是，只要再和这些化学物质接触，病情又会复发。作为一种疾病的医学治疗根据，这种证据已足够了。这种证据完全能起到警告作用，使我们认识到"明知山有虎，偏向虎山行"地把杀虫剂渗透到我们的环境里是愚蠢的。

　　为什么所有参与了处理和使用杀虫剂的人，所表现出来的症状并不一致呢？导致这种情况的主要原因是个体敏感性。有一些证据表明，妇女比男人更敏感，年轻人比成年人更敏感，那些经常在室内坐着不动的人比那些长期在户外从事体力劳动的人更为敏感。除这些差别之外，还有一些客观存在的差别，只是目前并没有找到其中的规律。是什么原因让一个人对灰尘或花粉过敏，一个人对某一种毒素特别敏感，或者有些人更容易感染某种传染病？医学上至今还没有一个明确的答案。然而，这一问题客观存在着，并影响着大量的人群。一个医生估计，他的病人中的三分之一或更多的人表现出一些过敏症状，并且这种人的数量还在增长着。不幸的是，过敏症状在人体中会突发性地急促发展起来。事实上，一些医学人员相信，断断续续地与化学药物发生接触会导致这种敏感性的产生。如果这是事实，它就可以解释，为什么在那些因职业持续接触这些化学药物的人身上进行的一些研究，几乎没有发现什么中毒的迹象。由于持续地与这些化学药物接触，这些人产生了抗敏性，这正如一个治疗过敏症的医生，持续通过给病人注射小剂量致敏物质，从而使病人产生抗过敏性一样。

　　人与在严格控制下生长的实验动物不同，人从来不会一直只接触一种化学物质，这个现实使研究杀虫剂对人的致毒变得极为麻烦。在几种主要的杀虫剂之间，在杀虫剂和其他化学物质之间，存在着能够产生重大影响的相互作用。另外，当杀虫剂进入土壤、水或人体血液后，这些化学物质不会孤立存在，它们在那儿发生了神秘而不可见的变化。借助于这些变化，一种杀虫剂可以改变另一种杀虫剂的破坏性。

甚至在两种主要的杀虫剂之间也存在着相互作用，而通常人们认为它们都是完全独立地起作用的。如果人体事先接触了对肝脏存在伤害的氯化烃的话，对神经保护酶——胆碱酯酶有影响作用的有机磷类的能力可能变得更强大。这是因为当肝功能被破坏后，胆碱酯酶的水平会降低到正常值以下。那时，这一外加的受抑制的有机磷作用将可能强大到足以促使我们出现严重症状。而且如我们所知，成对的有机磷彼此间的相互作用甚至可以使它们的毒性增长百倍。或者，有机磷可以与各种医药、人工合成物质、食物添加剂相互作用——对当前提供给我们世界的无穷无尽的人造物质，谁知道会发生什么真实的变化呢？

一种被推测为无毒的化学物质的作用，可以在另一种化学物质的作用下发生变化。最好的例子是一个被称为甲基氯氧化物的DDT的近亲（实际上，甲基氯氧化物并不像人们通常所说的那样没有毒性，最近对动物的实验证明，它对子宫有直接作用，并会阻碍脑垂体激素。这再一次提醒我们：这些化学物质具有极大的生物学效应。其他研究表明，甲基氯氧化物对肾脏会造成损害。）当单独摄入甲基氯氧化物时，它不会大量在体内蓄积，所以人们认为甲基氯氧化物是一种安全的化学物质。但这未必符合实际。如果肝脏已被其他物质损害，甲基氯氧化物就会蓄积在人体内，最高会达到正常含量的一百倍，那时它将与DDT一样对神经系统造成长期的持续影响。然而，对肝脏的损伤却是轻微的，很容易被忽视。很多其他常见的情况也会导致肝脏损伤：使用另一种杀虫剂；使用一种含四氯化碳的洗涤液；服用一种镇静药。这些东西大部分（不是全部）是氯化烃类，并会对肝脏造成损伤。

对神经系统的损伤并不只局限于急性中毒，也可以是接触后的后遗症。与甲基氯氧化物和其他化学物质有关的对大脑和神经的长期后遗损害已经有过报道。狄氏剂除了它的急性作用外，还会造成长期的后遗症，诸如，健忘、失眠、做噩梦、甚至癫狂。医学研究发现，六氯化苯大量积蓄在大脑和重要的肝组织中，可以诱发"对神经系统的神秘的长期后遗症"。但目前六氯化苯被大量用于加湿器，这种设备能源源不断地将挥发性杀虫剂的蒸汽倾入房间、办公室和饭店。

通常认为只具有急性的较激烈表现的有机磷，也具有对神经组织造成持久性损伤的能力。最近的研究发现，它会引起神经错乱。使用这种杀虫剂可以导致各种麻痹症的出现。在美国20世纪30年代的禁酒时代里，发生的一件奇事已经预示着将要发生的事情。这件事的发生不是由于杀虫剂，而是一种在化学属性上与有机磷杀虫剂同类的物质。在那期间，一些医用药物被当作酒的代用品，以避开禁酒令。这些药物是牙买加姜汁酒。由于"药用酒精之类"产品昂贵，于是私酒商们就想出一个办法，用牙买加姜汁酒做代用品。他们干得如此巧妙，以致他们的假货通过了化学检验，并骗过了政府的化学家。为了给他们的不法姜汁增加必要的气味，他们又加入了一种叫作三原甲苯基磷的化学物质。这种化学物质如同马拉硫磷及其同类一样，能破坏胆碱酯酶。这些假酒最终导致了大约一万五千人患上了永久性的腿肌肉麻痹症，现在称这种病为"姜汁酒中毒性麻痹"。伴随这种麻痹症还出现了神经鞘的损伤和脊索前角细胞的退化。

大约二十年后，各种各样的有机磷被作为杀虫剂付诸使用了，正如我们所见，很快就出现了类似姜汁酒中毒性麻痹的病例。其中一个病例是一位德国温室工人，他在使用马拉硫磷后不时出现中毒症状，在这些温和的中毒症状出现几个月后，他便出现了麻痹症。不久后，来自三个化学工厂的一群工人由于与有机磷类的杀虫剂接触，而出现了严重中毒。他们经过治疗得到了恢复，不过十天后其中两人出现了腿部肌肉萎缩的症状。这个症状在其中一个人身上持续了十个月之久，而另一个年轻女化学家遭遇更惨，她不仅两腿瘫痪，而且也影响到手和手臂。两年后，当她的病例被一家医学杂志报道时，她仍不能工作。

那些应该为这些病例负责的杀虫剂已被封杀了，不过目前还在使用着的一些杀虫剂可能具有同样的伤害能力。为花园工人所喜爱的马拉硫磷在小鸡的实验中已导致了严重的肌萎缩现象。这种被称之为"姜汁酒中毒性麻痹"的症状是由坐骨神经鞘和脊索前角细胞的退化所引起的。

由有机磷酸盐中毒所造成的这些后果，如果它们没有引起死亡的话，也会是进一步恶化的前奏。由侵害神经系统的严重危害来看，这些杀虫剂最终必然会与精神疾病联系起来。最近，墨尔本大学和在墨尔本普林斯亨利王子医院的研究人员已找到了这种联系，他们报道了十六个精神病例。所有这些病例都有着长期与有机磷杀虫剂接触的历史。其中三名是核查喷药效果的科学家；八名在温室工作过；五名是农场工人。他们的症状包括从记忆衰退到早发痴呆症以及抑郁性反应。

这些人之前所有的表现都很正常，直到农药像飞去来器一样打到了他们自己的身体上。

　　据我们所知，类似的案例在各种医药文献中有大量报道，有的与氯化烃有关，有的与有机磷有关。错乱、幻觉、健忘、狂躁——这就是为了消灭昆虫所付出的沉重代价。只要我们坚持使用那些会摧毁我们的神经系统的化学药物，我们就将不得不继续付出这样的代价。

第十三章　透过这扇狭小的窗子

目前我们的环境已经被化学品所充斥，这些化学物品很可能直接攻击生物的染色体，并最终导致上述变异的发生。

生物学家乔治·瓦尔德曾这样形容他进行的一项极为专业的研究课题——"眼睛的视觉色素"："一扇狭小的窗户，一个人要是离这扇小窗较远，就只能看见窗外一点亮光；但当他走近这扇窗户时，他所看到的窗外景象就会变得开阔；直到最后当他贴近窗户了，他就能够透过这扇狭小的窗子看到整个宇宙。"

这就是说，我们应该把我们研究的重点放在人体的具体细胞上，然后是细胞内部的细微结构上，只有当这样做的时候，我们才能领悟到把外部化学物质引入人体内所带来的严重而深远的影响。

仅仅是在最近，医学研究才开始注意到个体细胞在产生能量的过程中的功能，这种能量是生命所必不可少的。人体内能量产生的非凡机制不仅对健康是根本性的问题，对整个生命也是如此。它的重要性甚至胜过了最主要的器官，因为没有正常有效的能量产生的氧化作用，身体的任何机能都无法运行。但是，很多用于对付昆虫、啮齿动物和野草的化学药物都具有直接破坏氧化过程的副作用，并且会扰乱这一完美的系统的运行。

使我们对细胞氧化作用能有如今这样的认识的研究成果，是生物学和生物化学史上最令人难忘的成就之一。在这一工作中做出杰出贡献的包括很多诺贝尔奖获得者。在四分之一世纪的时间里，这项研究靠着一些基础性的早期研究成果，一直在一步一步前进。但即使是到了尽头，仍存在着太多细节有待深入。仅仅在最近十年，整个研究才形成了一个整体，生物氧化作用成为生物学家普通知识中的一部分。然而，更重要的一个事实是，在 1950 年之前，具有基本训练的医学人员甚至没有机会去实际体会这一生物氧化作用的重要性，以及被破坏后所带来的深远后果与危害。

　　能量的产生并非是由某一专门化了的器官来完成，而是由身体的所有细胞来共同完成的。一个活的细胞就像火焰一样，通过燃烧燃料去产生生命所必需的能量。这一比喻诗意有余，但精确性不足，因为细胞"燃烧"所产生的温度是和人体的正常体温一致的。正是这千千万万温和地燃烧着的小火焰，产生了生命所需的能量。化学家尤金·拉宾诺维奇说："如果这些小火焰都停止了燃烧，那么心脏将不能跳动，植物再不能抵抗重力向上长，变形虫不再能游泳，神经会失去感觉，智慧也不再会在大脑中闪现。"

　　在细胞中，物质转化为能量是一个连续不断的过程，像一个不停转动的轮子。以葡萄糖形式存在的碳水化合物的小颗粒一粒粒、一个分子一个分子地进入这个轮子，在循环的过程中，这些燃料分子经历了分解和一系列细微的化学变化。这些变化很有规律地有序地展开，每一个环节都由具有专业化功能的酶支配和控制，这种酶只干这一件事，其他什么都不管。产生能量的同时也会产生废物（二氧化碳和水）而被排出，经过转化的燃料分子被输送到下一阶段。当这一转动的轮子转够一圈时，燃料分子耗尽而进入一种新状态，在这种状态中，它随时可以跟新进入的分子结合并重新开始这个循环。

　　这一过程是生命世界的奇迹之一。在这一过程中，细胞就像一个微型的化学工厂一样进行神奇的工作。所有一切都是在微观层面进行着的。细胞虽然微小到只有借助于显微镜才能看到，但更为神奇的是，氧化过程是在一个更小的空间，即细胞内部被称为线粒体的极小颗粒内完成的。虽然人们知道这种线粒体已有六十年，然而它们过去被看作是一种未知的、可能没有重要作用的细胞内的元素而被忽视。直到20世纪50年代，线粒体的研究才变得激动人心起来。在短短的五年内，就有约一千篇与之相关的论文发表。

　　人类揭示了线粒体的奥秘，又一次表现出其卓越的创造才能和顽强的毅力。试想这样一种极小的微粒，即使通过显微镜放大三百倍也很难看到。但现在有这样一种技术，居然能将这样小的微粒分出来单独进行分析，还能确定它那极其复杂的功能，这真是让人难以想象。而这一切都是因为有了电子显微镜技术和生化学家技术的大幅提高。

　　现在，我们已经知道了线粒体是一个极小的酶的包裹体，是一种氧化过程所需的酶的可变组合体，这些酶精确和有序地被安排在线粒体的壁和间隔上。线粒体就像一个"动力房"，大部分能量产生的过程都是在这个动力房中完成。当氧化作用的第一步和最初几步在细胞中完成后，燃料分子就被引入线粒体。氧化作用就在这里完成，身体所需的能量也就在这儿被释放出来。

如果不是为了这一至关重要的目的，线粒体中发生氧化作用的无休止转动的轮子就失去了意义。氧化循环的每一阶段所产生的能量通常被生化学家称为 ATP（三磷酸腺苷），一种包括三组磷酸盐的分子。ATP 之所以能提供能量，是由于 ATP 能够将它所含的磷酸盐转换为另一种物质，在这一过程中电子来回传递随之产生了键能。这样，在一个肌肉细胞里，当一组末端的磷酸盐被输送到收缩肌时，收缩所需的能量就产生出来。紧接着会开始另外一种循环中的循环，ATP 分子放出一组磷酸盐，保存另外二组，生成二磷酸盐分子 ADP；随着这个轮子进一步的转动，另一组磷酸盐又会被结合进来，于是 ATP 得以恢复。这就如同我们所使用的蓄电池，ATP 代表充满电的电池，ADP 代表放电中的电池。

从微生物到人，在所有的生物体内都发现了 ATP 的存在，它为肌肉细胞提供机械能，也为神经细胞提供电能。精子细胞，等待着成为一只青蛙或者一只鸟、一个婴儿的卵细胞，产生荷尔蒙的细胞等等，无不都是由 ATP 提供能量。ATP 只有少部分能量被用在线粒体自身，大部分能量立即被释放到细胞中，为细胞活动提供能量。在某些细胞中，线粒体的位置非常有利于功能的发挥，因为它们的位置能够使得能量精确地传送到需要的位置。在肌肉细胞中，它们成群地环绕在收缩肌纤维周围；在神经细胞中，它们被发现位于与其他细胞的结合部，为神经脉冲的传递提供能量；在精子细胞中，它们集中在推进尾部与头部衔接的地方。

氧化过程中的耦合就是为电池充电的过程，这期间 ADP 与一个自由的磷酸盐组成 ATP，这紧密的结合被称之为偶联酸磷化。要是结合变成了非耦合，那么能量就无法产生，细胞就会成为一台空转的机器，产生热效应却没有能量输出。这样一来，肌肉就无法收缩，神经脉冲也无法出现，精子难以抵达目的地，卵子也会因为无法受精而不能完成生命赖以出现的复杂的分化与成长。非耦合的结果对从胚胎到人的所有有机体都是一场灾难，甚至可能导致组织和整个有机体的死亡。

非耦合化是怎样发生的呢？放射性就是其中一个耦合作用的破坏者。有些人认为曾暴露于放射线中的细胞的死亡，正是由于耦合作用被破坏所致。不幸的是，大量的化学物质也具有同样的阻断产生能量的氧化作用的作用，其中杀虫剂和除草剂是典型代表。据我们所知，苯酚对新陈代谢有强烈影响，它所引起的体温升高具有潜在性的致命危险，这是由非耦合作用——"空转马达"所引起的。二硝基苯酚和五氯苯酚是这类被广泛用作除草剂的化学物质的例子。在除草剂中，另外一个耦合作用的破坏者是 2.4-D。在氯化烃类中，DDT 已被证实是耦合作用的破坏者，如果进一步研究的话，将可能在这类物质中发现更多的破坏者。

不过，非耦合作用并不是扑灭有机体内千百万小火焰的唯一原因。我们已经知道，氧化作用的每一步都是在特定的酶的支配和促进下进行的。当这些酶中的任何一种——甚至是单独一种酶被破坏，细胞中的氧化循环就会停止。不管哪种酶受到影响，其后果都是一样的。处在循环中的氧化过程是一个转动的轮子，如果我们将一个铁棍插入这个轮子的辐条中，不论插在哪两根辐条之间，所造成的结果都是一样的。同样，如果破坏了在氧化过程中任何一点上起作用的酶，氧化过程就会停止，于是，就再没有能量产生出来，其最终结果与非耦合作用非常相似。

用于杀虫剂的任何一种化学物质，都可以看作是这样一根撬棍。DDT、甲氧氯、马拉硫磷、吩噻嗪，以及各种各样的二硝基化合物都能抑制与氧化作用循环有关的一种或多种酶，然而，它们正被大量使用着。它们能够抑制细胞产生能量的整个过程，并剥夺细胞中的可用氧。这一危害会带来灾害性后果，在这里只能提及其中很小一部分。

实验人员仅仅依靠系统的抑制氧供应，就能将正常细胞转化成为癌细胞。使细胞缺氧导致的严重后果在动物实验中能清楚地看到。在缺氧的情况下，组织生长和器官发育的有规律的过程就被破坏，导致了畸形和其他变态发生。如果人类的胚胎缺氧，就可能导致先天畸形。

存在一些迹象表明，这类灾难性的后果越来越多，并日益引起人们的注意，但很少有人去探究其原因。1961 年，人口统计办公室开展了一次全国范围的畸形儿的填表调查，调查表上附带了一个说明，声称这个统计结果将会为阐明先天畸形的发生和环境有关提供事实依据。这类研究毫无疑问会涉及放射性，不过，也不应忽视很多化学药物会产生与辐射相似的效应。人口统计办公室预料到，在未来的儿童身上，一些缺陷和畸形肯定是由那些渗入我们外部世界和体内世界的化学药物造成的。

情况很可能是，生殖作用衰退的一些症状也与生物氧化作用的紊乱有关，并且与极重要的 ATP 储存的耗尽有关。甚至在受精前，卵子就需要被大量供给ATP，以便为下一阶段做好准备，一旦精子进入卵子，就需要消耗大量的能量。精子细胞是否能抵达和进入卵子，取决于本身的 ATP 供应，这些 ATP 聚集在精子颈部的线粒体中。一旦受精过程完成，细胞的分裂就开始，以 ATP 形式供给的能量将在很大程度上决定着胚胎的发育是否能继续进行直到完成。胚胎学家研究了他们从青蛙和海胆身上得到的一些受精卵，发现，如果 ATP 的含量减少到一定极限值下，这些卵子就会停止分裂，并很快死亡。

在胚胎学实验室跟苹果树间并非不存在联系，那些苹果树上的知更鸟巢内保存着几枚蓝绿色的鸟蛋，不过，它们都冰凉地躺在那，生命之火闪烁了几天后就已熄灭。在佛罗里达，在高高的松树顶部有着一个由整齐堆放的树枝和木棍构成的巢，里面有三枚白色的大鸟蛋，它们同样是冰冷的。为什么知更鸟和鹰的蛋都没法被孵出雏鸟？这些鸟蛋是否也像那些实验室中的青蛙卵一样，仅仅由于缺少 ATP 分子而停止发育了呢？ATP 缺乏的原因是否也是鸟蛋内积蓄了足够多的杀虫剂残余，从而导致产生能量的氧化的轮子停止了运转？

没必要继续猜测杀虫剂是否已在鸟蛋中积累，很明显，检查这些鸟蛋要比观察哺乳动物的卵细胞容易一些，不管这些鸟蛋是在实验室条件下还是在野外，只要接触过农药，在鸟所生出的蛋内就能发现 DDT 和其他烃类的残留，并且浓度很高。在加利福尼亚州进行的一次实验，发现野雉蛋中含有百万分之三百四十九的 DDT，而在密歇根州，从死于 DDT 中毒的知更鸟输卵管中取出的蛋内，检测出含有超过百万分之二百浓度的 DDT。那些由于成鸟死亡而遗留在窝中的无人关心的知更鸟蛋中也含有 DDT。一家邻近的农场里因艾氏剂中毒的鸡也将这些化学物质传给了它们的卵。当以母鸡做实验对象，喂以 DDT，其下出来的蛋含有百万分之六十五的 DDT。

在我们知道了 DDT 和其他（也许是所有的）氯化烃能通过钝化一种特定的酶或通过破坏能量产生机制的耦合作用，而阻碍能量产生的循环时，很难想象，任何一个含有大量化学药物残留的鸟蛋能完成其发育的复杂过程——细胞的无限次分裂、组织和器官的精心发育、合成关键物质以最终形成一个鲜活的生命。所有这一切都需要大量的能量——即只有新陈代谢的轮子能正常转动才能产生 ATP。

没有理由假定这些灾难性的后果仅局限在鸟类身上，ATP 是能量的基础传递者，产生 ATP 的新陈代谢循环无论是鸟类还是细菌，是人体还是老鼠，作用都是相同的。因此，杀虫剂在任何生物的胚胎细胞中积累的事实，都会同样引起我们的担忧，因为这意味着人类也无法幸免。

有证据显示，这些化学药物不仅在产生生殖细胞的组织中存在，同样也存在于别的细胞里：那些人工控制条件下的雉、老鼠、豚鼠，那些为扑灭榆树病害而被喷洒过药的区域的知更鸟，还有为控制云杉卷叶蛾而被喷洒过药物的西部森林中的鹿，在这些生物体内都已发现了杀虫剂的残留。一只知更鸟的睾丸里的 DDT 含量高于其体内其他部分的含量；雉的睾丸中积累的 DDT 超过百万分之一千五百。

在被用于实验的哺乳动物中，可能作为这种 DDT 在生殖器官中积累的后果之一是观察到了睾丸的萎缩。在甲氧氯中暴露过的小老鼠，其睾丸异乎寻常地小。当一个小公鸡被喂了 DDT 时，其睾丸只有正常大小的18%，依靠睾丸激素发育的鸡冠和垂肉只有正常大小的三分之一。

精子本身也会受到 ATP 缺少的影响。实验表明，二硝基酚能降低公牛精子的活动能力，破坏能量耦合，并不可避免地带来能量供应减小。在这个领域进行过的其他研究也发现了更多化学物质也具有同样作用。在医学报告中，已在参加空中喷洒的工作人员中出现了精液减少的现象，充分证明人类也一样会受到影响。

对于人类而言，比个体生命更宝贵的是我们的基因的传递，这是我们联系过去与未来的纽带。在漫长的进化演变过程中，我们的基因不仅使得我们成为今天的样子，并且也同时决定着我们的未来。现在的问题是，我们自己制造的物质正在造成我们基因的衰退，这应该是我们的文明所面对的最严峻与可怕的威胁。

到了现在，我们难以避免地需要比较化学物品与放射性的作用了。

放射性辐射使得活体细胞遭受各种损伤：正常分裂的能力可能被破坏，染色体结构可能被改变，遗传基因出现突变，从而改变后代的特征。如果受到影响的细胞是极为敏感的，则可能会被杀死，否则，它就会在一段时间后转变为恶性细胞。

放射性作用的危害都已被大量的实验室结果所证实，这种结果通过类放射或模拟放射化学物得到再现。大多数被用来制造杀虫剂的化学物质都属于这类（除草剂除外），这类物质能改变染色体，破坏细胞的分裂，或者引起突变。基因受到损害会导致疾病，要不就通过后代得到体现。

仅在几十年前，还没有人了解放射性的这些作用。那时，原子还没被分裂，后来被用作模拟辐射的化学物质还没进入化学家的试管。直到 1927 年，得克萨斯大学的一位动物学家穆勒博士才发现，在生物接受了辐射后，会给后代带来突变。穆勒的发现开辟了科学与医学间一个全新的领域，他也因此获得了诺贝尔医学奖。

那之后，人们很快就认识到了放射性尘埃的危害性。

尽管很少有人注意，其实在 40 年代初还有一个随之而来的发现。爱丁堡大学的夏洛特·奥尔巴赫和威廉·罗伯森也有类似的发现，他们发现芥子气能造成永久性的染色体异常，相同于辐射的作用。在果蝇的实验中（穆勒也曾用这种生物进行他的 X 射线影响的早期研究），芥子气也引起了基因的突变。这样，第一种化学诱变物质就被发现了。

如今，除了芥子气，又有一大串的可以导致遗传过程变异的化学物质被发现，这些化学物质能改变动物和植物的遗传物质。为了了解化学物质如何改变遗传过程，我们必须首先了解当生命处于活细胞阶段时的基础演变状态。

如果身体要生长，生命的源流要一代一代地传下去，那么组成体内组织和器官的细胞就必须具有不断增殖的能力。这种作用是借助细胞的有丝分裂或核分裂完成的。在一个即将分裂的细胞中，具有重要性的变化首先发生在细胞核内，最后扩展到整个细胞。在细胞核内，染色体发生了奇妙的移动和分裂，排列成一种古老的模式，将遗传的决定因素——基因传递给子代细胞。通过这种方式，每一个新的细胞中都含有一整套染色体，而所有的遗传信息密码都编排在染色体中。借助于这种方式，物种的完整性得以保留。

一种特殊类型的细胞——生殖细胞在形成过程中会发生一种特殊的细胞裂变。因为任何一种物种的染色体数量都是恒定的，因此即将形成一个新个体的卵子和精子各自只能携带一半数目的染色体参与结合。在这一过程中，染色体行为的变化会极为精确地完成。同时，染色体并不会分裂，每一对染色体都会完整地进入到子细胞里。

在此阶段，任何生命都呈现出相同的状态。所有生命都会经历细胞的分裂。无论是人还是变形虫，是高大挺拔的红杉还是微小的酵母，没有细胞的分裂是不会有生命诞生的。因此，一旦细胞的分裂过程受到了破坏，都可能对生命自身与其后代造成严重影响。

"像有丝分裂这样，一些细胞组织的主要特征，一定已经存在了五亿年之久，也许有十亿年。"乔治·辛普森和他的同事皮特雷利、蒂范尼在他们合著的那部包罗万象的名为《生命》的书中这样写道，"从这个角度来看，生命世界虽然脆弱和复杂，却是如此持久，其持久性甚至超过了山脉。这种持久性完全有赖于遗传信息被一代代精确地传递。"

不过，在这千百万年的全部过程中，这种"精确性"从未遭受过像 20 世纪中期以来，由人造放射性、人造及人类散布的化学物质所带来的如此直接和巨大的威胁。一位卓越的澳大利亚医生，同时也是诺贝尔奖获得者麦克法兰·博莱特认为，上述情况是我们时代最重要的医学特征之一，随着医疗技术和新型化学品的生产技术的发展，保护内部器官免遭诱变物质侵袭的屏障越来越频繁地被突破。

对人类染色体的研究还处于早期阶段，所以只是在最近才有可能去研究环境因素对染色体的作用。直到 1956 年，由于新的技术的出现才精确地确定人类细胞中染色体的数目为四十六条，并且使得观察它们成为可能。这种观察可以使全部染色体或部分染色体的存在与否被检查出来。由环境中某些因素引起的遗传危害的整个概念相对而言是比较新的，并且除了遗传学家外，它很少能被人们所理解，所以，这些遗传学家的意见一般很难被人采纳。以各种形式出现的放射性危害现在已经令人信服地被人所了解，虽然有时在一些场合下还是遭到否认。穆勒博士感到遗憾的是"不仅很多政府部门的政策制定者，而且还有这么多的医学专业人员拒绝接受遗传原则"。公众与大量的医学、科学工作者很少注意到，化学品具备与放射性类似的效果。正因为这样，化学品的被广泛使用（非实验室使用）才未得到有效的评估。但这样的评估是非常有必要的。

在对这种潜在危险的意识上，麦克法兰并非是孤独的，一位英国权威人士皮特·亚历山大博士同样认为，类放射化学品很可能比辐射物本身的危害更大。穆勒博士根据十年来在遗传学上的研究警告说："各种化学物质（包括以农药为代表的那些物质），所引起的突变的频率像放射性引起的一样多……在人们频繁接触到异常化学物质的今天，我们的基因遭受这样的致变物的影响已到了一个相当高的程度，然而我们至今对此竟还一无所知。"

对化学致变物问题的普遍忽视，也许是由于这样一个事实，即最初发现化学致变物仅仅是出于学术上的兴趣。但芥子气始终没有被从空中向人群喷洒过，它的使用是被掌握在生物学家或生理学家的手中的，他们被用于癌症治疗（用这种方法治疗染色体损伤的病人的例子已于最近见诸报道）。但杀虫剂和除草剂已与大量人群密切接触了。

只要对该问题稍加注意，就可以收集到相当数量的有关农药的专门资料。这些资料证明了这些农药以多种方式危害细胞的重要过程——从微小的染色体损伤到基因突变，并导致细胞恶变这种灾难性的后果。

几代暴露于 DDT 的蚊子已转变为一种被称为雄雌同体的奇怪生物。被多种苯酚处理过的植物的染色体遭到了严重损坏，基因发生大量的突变和"不可逆的遗传改变"。当遭受苯酚作用后，突变在遗传实验学的经典材料果蝇身上也发生了——这些果蝇接触苯酚后发生了突变；接触到常见的除草剂和尿烷后，果蝇的突变足以致死。尿烷属于氨基甲酸酯类化学物质，很多杀虫剂和农药都是用这种物质制成的。有两种氨基酸甲酸酯类化学品被用来防止储藏的土豆发芽，其作用正是阻止细胞分裂。而另一种阻止发芽的化学物质马来酰肼，已被认定为具有诱变效应的危险物质。

经六氯联苯或林丹处理过的植物会变得奇形怪状，在它们的根部带有像肿瘤一样的块状突起。它们的细胞的体积变大了，这是由于染色体数目的倍增而造成的。这种染色体的倍增现象在未来的细胞分裂中将一直持续下去，直到细胞的分裂由于体积过大而不得不停止为止。

除草剂 2.4-D 也能使植物根部产生瘤子样的肿块，染色体变短、变厚，并聚积在一起，细胞的分裂被严重阻滞。据说，这种现象与受 X 射线辐射产生的影响一样。

这些不过是一小部分例证，我们还可以找到更多的例证。可是，至今还没有检验农药这种致变作用的综合性研究。上述被引证的事实都是细胞生理学或遗传学研究的副产品，直接针对这个问题进行研究已迫在眉睫。

一些科学家虽然愿意承认放射性对人类的危害，却怀疑诱变化学物质也具有相同效应。他们引证辐射具备强大的穿透力，但怀疑化学物质也具备同等的能力。而在这个问题上，我们又再一次被缺少人体直接实验研究的这一事实限制住了。不过，在鸟类和哺乳动物的生殖器官和胚胎细胞中发现有大量 DDT 积累是一个有力的证据，至少说明氯化烃不仅能广泛地分布于生物体内，而且已与遗传物质发生接触。宾夕法尼亚州立大学的大卫·戴维斯教授最近发现，能阻止细胞分裂和有限地用于癌症治疗的烈性化学物质，也能引起鸟类的不孕。即使达不到致死的水平，这种化学药物也能终止生殖器官中的细胞分裂。大卫教授已经成功地进行了野外实验。但很显然，几乎没有什么理由能使我们相信，生物的生殖器官能避免环境中各种化学物质的侵害。

最近的染色体变异的发现令人振奋。1959 年，几个英国和法国的研究小组得出了相同的结论，即一些人类疾病的发生是由于正常染色体数目出现异常而造成的。在这些人所研究过的疾病和变异中，染色体的数目与正常值不一致。这一情况解释了为什么典型的蒙古型畸形病人都有一条多余的染色体。有时这条多余的染色体是附着在另外的染色体上，所以，染色体的数目仍保持正常的四十六个。而一般的规律是，这一条多余的染色体独立存在，从而使染色体的数目达到四十七。这些缺陷发生的最初原因肯定来自前代的遗传。

看来，对于患有慢性白细胞增多症的某些病人（不管是美国的还是英国的）来说，起作用的是另外一种机制。在一些血液细胞中已经发现了同样的染色体变异。这种变异包括染色体的部分残缺。在这些病人的皮肤细胞中，染色体数目是正常的，这一结果表明，染色体的残缺并不是发生在形成这些生物体的胚胎细胞中，而是出现在某些特定的细胞中，（在这个例子中，最先受害的是血液细胞）这个危害是在生物体本身的生活过程中发生的。一条染色体的残缺可能会使它们丧失指挥正常行为的"指令"功能。

自从这个新领域被打开之后，与染色体破坏有关的生理缺陷的种类和数量就以一个惊人的速度在增长，至今已超出医学研究的范畴。有一种叫作克莱恩菲尔德综合征的病就跟一条性染色体的复制相关。患者是一位男性，他拥有两条 X 染色体（染色体变成 XXY 型，而不是正常的 XY 型），这样一来他就变得不正常了。这会导致过高的身高和智力缺陷，另外还有不育症等。反之，如果一个人只拥有一条性染色体（变成 XO 型，而不是 XX 型或 XY 型），尽管她是女性，她却没有第二性征。在这样的条件下，就会经常出现各种身体缺陷（有时会是智力缺陷），其原因是 X 染色体必定携带着各种特征的基因。这类病被称为特纳综合征。在被发现之前，医学文献中就有了对上述两种病症的记载。

很多国家的研究人员在染色体异常方面做了大量的研究工作。由克劳斯·伯托博士所领导的一个威斯康星州大学的研究组，一直在研究各种先天性畸形（通常是智力缺陷）。这些症状看起来很可能是由于部分染色体的复制错误导致的，很可能是在生殖细胞的分裂过程中，一条染色体发生了断裂，造成的碎片没有能适当地重新被分配。这种不幸极有可能影响到胚胎的发育。

现有发现告诉我们，出现一条多余的染色体往往是致命的，因为它会阻碍胚胎的生长。目前所知的只有在三种情况下可以存活，其中之一就是唐氏综合征。多出的一条染色体尽管造成了严重损伤，但不一定会致命。据来自威斯康星州的研究人员说，这类情况可以用来解释目前还没有明确的一些病例，在这些病例中，出生的婴儿会存在很多缺陷，通常都包括了智力的缺陷。

到目前为止，科学家一直都忙于发现与疾病和发育缺陷有关的染色体变异，还没有去深究其原因，因此，这还是一个全新的领域。认定细胞分裂过程中引起染色体异常或遭到破坏来源于单一因素，是很不明智的。目前我们的环境已经被化学品所充斥，这些化学物品很可能直接攻击生物的染色体，并最终导致上述变异的发生。我们对此怎么能熟视无睹呢？仅仅为了防止马铃薯发芽或消灭庭院里的蚊子而承受这样的后果，似乎代价有点太高了吧？

我们的遗传基因是历经二十亿年的细胞进化与选择的结果，它们不仅属于现在的我们，也一样属于未来的人类。只要我们愿意，我们就能减少对我们遗传基因的损害。现在我们所做的，还远远不够。虽然法律要求化学物品的生产商有责任检验其产品的毒性成分，却并没有要求其检验其产品的基因效应，同时他们也根本没有这样去做。

第十四章　每四个中有一个

想让所有化学致癌物现在或将来能从世界上消失是不现实的。但相当大比例的化学致癌物并非我们的生活必需品。随着这些致癌物的被消除，它们加给生命的负荷将会大大减轻。

生物跟癌之间的对抗由来已久，在时间的长河里，已很难寻找到这种对抗最初的源头。但有一点是可以肯定的，那就是必定来自外在的自然环境。在自然中，生物总难以避免地受到来自环境的影响，这样的影响从太阳到地球，包罗万象，好坏皆有。环境中的一些因素制造了灾难，面对这些灾难，生命要么适应，要么被淘汰。这类因素林林总总，阳光中的紫外线可以引起恶性病变，来自岩石的放射源也是如此，还有很多例如土壤里的砷之类被冲刷出来造成的污染，当然还有水资源引起的各种问题。

所有这类因素，早在生命出现之前就已经存在；但生命仍然出现了，并在数百万年的演进下，无论是数量还是种类，都得到了大幅度的增长。经过了那属于大自然的漫长时间的砥砺，物竞天择，适者生存，生命总是在寻求着对大自然的适应。而上述那些给生命带来危害的因素，那些致癌的元素依然会引起恶变，但它们的数量是有限的，并且生命从一开始就获得了一定程度的对这种古老力量的适应性。

随着人类的出现，情况开始发生了变化。因为不同于其他任何形式的生命，只有人类能够创造致癌的物质。许多世纪以来，一些人造致癌物已在环境中存在了几个世纪之久。含有芳烃的烟尘就是一例。随着工业时代的到来，我们的世界开始一直处在不断加速的变化中。自然环境正被人为的环境迅速取代，而这样一个人为的环境是由许多新的化学和物理因素所构成，其中许多因素具有强大的引起生物学变化的能力。人类至今还不能保护自己免受这些由自身的活动带来的不良因素的危害，这是由人类的生物性所决定的，作为人类，我们的生物性进化无法赶上环境的改变，其结果就会是适应上出现的问题。因此，一些致癌物质就能轻易突破我们身体变得脆弱了的防线。

尽管癌症由来已久，但我们对癌症起因的认识一直都是滞后的。将近两个世纪前，伦敦的一个医生首先发现外部或环境因素可能引起恶性病变。1775年，珀西瓦·波特先生宣称，在扫烟囱人中多发的阴囊癌肯定与积累在他们体内的煤烟烟尘有关。当时他无法提供出我们今天所要求的"证据"，但通过现代技术的发展，如今已经从烟尘中分离出来了这种致癌物质，并证明了他的观念是正确的。

但在距波特的发现一个多世纪后的今天，人们却仍然还是没有认识到，在环境中有某些化学物质可以通过多次皮肤接触、呼吸或饮食引起癌症。确实有人很早就注意到了，在康沃尔和威尔士的铜冶炼厂、锡铸造厂里暴露于砷蒸汽下的那些工人中间流行着皮肤癌；也有人发现，在萨克森州的钴矿和波西米亚的阿西木斯塔尔铀矿中，工人们很容易患一种肺部疾病，后来被确诊为癌症。然而，这些都还只是前工业时代出现的现象，在工业时代到来后，更多的人造产品侵入了生命赖以生存的自然环境。

19世纪最后的二十五年中，人们开始对起源于工业时代的恶性病变有了一定的认识。当时，大约巴斯德正在证明微生物是许多传染病的病因，而另一些人正在探索萨克森新兴褐煤工业和苏格兰页岩工业中一些工人容易患上皮肤癌的化学原因，还有由于职业性地暴露于柏油和沥青下引发的癌变。到了19世纪末，已有六种工业致癌物被确定，而在我们现在的20世纪里，会有更多的致癌化学物质被创造出来，并与普通民众发生密切接触。在波特进行研究之后的不到两个世纪的时间里，环境状况发生了巨大而广泛的变化。和危险化学物质的接触已不仅是出于职业要求，这些化学物质已进入到了千千万万个人的生活中——甚至连那些尚未出生者也难以幸免。因而，现在我们能看到这种恶性病在急剧增多，就不足为奇了。

恶性病增多并不是主观想象。1959年7月的人口普查办公室月报报道了包括淋巴和造血组织恶变在内的恶性病的增长情况，这类恶性病所造成的死亡占总死亡率的百分之十五，而在1900年仅为百分之四。根据这类疾病目前的发病率判断，美国癌症协会预计现在活着的美国人中有四千五百万人最终会患上癌症。这意味着将会有三分之二的美国家庭会受到恶性病的侵袭。

至于儿童的情况则更令人不安。二十五年前，儿童患癌症在医学上被认为是罕见的，而在今天，死于癌症的美国学龄儿童比死于其他任何疾病的数目都要多。情况已变得非常严重，因而波士顿建立了美国第一所专门治疗儿童癌症的医院。在一至十四岁的死亡儿童中，有百分之十二的比率是由癌症导致的。在临床上，大量的恶性肿瘤发现于五岁以下的儿童中。然而更可怕的是，这种恶性肿瘤在已出生或将出生的婴儿中出现了急剧增长的态势。美国癌症研究所的惠帕博士是一位环境癌症方面的权威，他指出，先天性癌症和婴儿癌症可能与母亲在怀孕期间暴露于致癌因素下有关，这些致癌因素进入胎盘，并且作用于迅速发育的胎儿组织。实验证明，越是年幼的动物越是容易受到致癌因素的影响。佛罗里达大学的弗兰西斯·雷警告说："由于化学物质被大量混入到食物中，我们可能正在孩子们中引发癌症……难以想象在一两代人的时间内将会造成怎样的后果。"

　　对此我们所关心的是，我们在试图控制自然时所使用的那些化学物质中，究竟有哪些存在着直接或间接的致癌作用。由动物实验得到的证据显示，有五种或者六种杀虫剂应该被纳入到致癌物质中去。如果我们再把那些被一些医生认为会引发白血病的化学品加进去，那么这份致癌物质的名单会变得更长。这些证据尽管还具有一定的偶然性（因为还没在人体上通过实验得出结论），但却值得重视。当我们把那些对活体组织或细胞具有间接致癌作用的化学物质也包括进来时，那么就会有更多杀虫剂被加入到这份清单里。

　　最早被用作杀虫剂的具有致癌作用的是砷，它以砷酸钠形式作为一种除草剂出现。在人与动物中，癌与砷的关系由来已久。惠帕博士在他的《职业性肿瘤》这部专著中提到了暴露于砷下的后果的一个重要例子。位于西里西亚的雷切斯坦言，这里有着一千年左右的开采金银矿的历史，砷的开采也已有数百年之久。几世纪以来，含砷废料被大量堆积在矿井附近，山上的溪流冲刷废料，带走了其中的砷。地下水被污染了，砷进入了饮水源。在几个世纪中，当地居民一直都经受着一种被称作"雷切斯坦病"的折磨，那是一种典型的慢性砷中毒症，能引起肝、皮肤、消化系统和神经系统的紊乱。恶性肿瘤经常与这种病同时发生。现在，雷切斯坦病已成为历史，因为二十五年前那里的饮水源已经被更换，水中不再含有砷。但在阿根廷的科尔多瓦，由于饮用水是来自含砷岩层的，因此砷中毒现象很严重。

　　长期且持续使用含砷杀虫剂很容易制造出类似雷切斯坦和科尔多瓦的情景。在美国烟草种植区和西北部果园地区，以及东部种植蓝莓的地区，因为使用含砷的农药，很可能对地下水造成砷污染。

砷污染不仅会影响到人类，同样会影响到动物。1936年，一份来自德国的很有趣的报告声称，在萨克森的佛莱堡附近，银和铅的冶炼厂向空中排放出含砷气体，气体飘向周围村庄，并降落在植物上。据惠帕博士说，马、母牛、山羊和小猪都以这些植物为食，它们也都出现了毛发脱落和皮肤增厚现象，而栖息在附近森林中的鹿有些也出现了不正常的色素斑点和癌变前期的疣，其中一只已经被确诊患上了癌。在那一带，几乎所有的动物，不论是家养的还是野生的，都患有"砷肠炎、胃溃疡和肝硬化"。那些经常在冶炼厂附近放牧的羊很多患上了鼻窦癌，在死后，在它们的大脑、肝和所生长的肿瘤中都检测出了砷。在这个地区，昆虫也出现了大量死亡现象，尤其是蜜蜂。每当下雨时，雨水会把树叶上的含砷尘埃冲刷下来，携带着流入池塘和溪流，造成鱼的大量死亡。

一种属于新型有机农药的广泛用于对付螨和扁虱的化学物质也有致癌作用。这种农药的历史充分证明，尽管存在着相关法律，但在进展缓慢的法律程序有效控制局面之前，民众已经在毫不知情下被迫接触这类致癌物质好几年了。换一个角度看，这个故事是非常有趣的，它充分证明民众接受的所谓"安全"事物，到了明天就会变成一种极度的威胁。

1955年，当这种化学物质刚上市时，生产商专门为其申请了一个容忍值——允许喷洒后的农作物有一定数量的残留。据法律的要求，生产商在动物身上做了试验，并提交了结果。然而，食品与药物管理局的专家们认为，这些试验正好证明这种化学物质可能具有致癌性。为此，该管理局的负责人建议对这种化学品实行"零容忍"，也就是所谓的在州际之间运送的食物不允许存在药物残留。但这家生产商拥有上诉权，于是该案件被上诉到了委员会复审。最终，委员会做出了一个折中的决定，这项决定允许该化学物质可以有百万分之一的残留，另外，该产品能在市场上先行出售两年时间，并在此时间内做进一步实验来确定其是否具有致癌性。

虽然该委员会没有这样说，但它的决定意味着民众必须扮演豚鼠的角色，和实验室的狗、老鼠等一同接受致癌物质的试验。不过动物试验很快得出了结论，两年后，这种除螨剂终于被定性为致癌物质。即使是到了1957年，食品与药物管理局仍没有撤销该产品的容忍值，民众不得不继续承受它的残留物的污染达一年之久，直到走完全部法律程序。直到1958年12月，食品与药物管理局才得以让零容忍生效。

这绝不是杀虫剂中仅有的致癌物。实验室内进行的动物试验告诉人们，DDT也一样引发了疑似肝癌的肿瘤。发现并报告这些肿瘤的食品与药物管理局的专家们不知道如何归类这种肿瘤，不过觉得"把它们定义为一种低级肝细胞癌是合理的"。如今，惠帕博士给了DDT一个明确的评价——化学致癌物。

属于氨基甲酸酯类的两种除草剂IPC和CIPC已被发现可以导致老鼠皮肤肿瘤的发生，其中一些是恶性的。恶性病变看起来是由这些化学物质引起的，并由环境中已存在的别的化学物质进一步产生效应。

除草剂氨基三唑在实验动物身上引起了甲状腺癌。1959年，一些农民在蔓越橘上误用了这种药物，导致一些浆果受到了污染。食品与药物管理局没收了这些被污染的蔓越橘果实，但却引起了争议，人们不相信这种化学品会致癌，其中一些人来自医学界。食品与药物管理局发布的科学事实清楚地表明，氨基三唑对实验鼠具有致癌性。在这些实验鼠所喝的水里添加进去百万分之一百这种物质（即每一万匙水中加入一匙），第六十八周一些实验鼠即开始出现甲状腺肿瘤。两年后，超过一半的实验鼠出现了这种肿瘤，既有良性的，也有恶性的。这些肿瘤也可在更低的给药水平上出现——事实上，不曾发现有哪种低水平不会引起肿瘤，当然，更没有人知道多大剂量的氨基三唑能使人致癌。但是，哈佛大学的医学教授大卫·鲁茨坦指出，这个剂量的值很难确定，但危害极大。

到目前为止，还没有充分的时间去弄清新的氯化烃杀虫剂和除草剂的全部影响。大多数恶性病变发展得很缓慢，受害者需要相当长一段时间才会出现临床症状。在20世纪20年代早期，那些在钟表表面涂发光材料的妇女，由于嘴唇接触毛刷而吸入了少量的镭，其中一些在十五年或更长时间后患上了骨癌。一般来说，需要十五甚至三十年或更长时间，那些职业性接触了化学致癌物的人才会显现出癌变的临床症状。

与这些工业性暴露于各种致癌物下相比，人类首次暴露于DDT下的日期大约是1942年（当时DDT被用于军事）和1945年（用于市民），直到50年代早期，各种各样的化学农药才被推向市场。但这些化学物质已经播下了各种恶变的种子，而这些种子的成熟期正在到来。

对大多数恶性病变来说，潜伏期长是一种普遍现象，然而，还存在一个现今已广为人知的例外，那就是白血病。在原子弹爆炸后仅三年时间里，广岛的幸存者中就开始出现白血病患者，目前还没有任何理由认为会有比这更短的潜伏期。研究人员也许迟早会发现其他类型的癌症有相对更短的潜伏期，但在目前看来白血病是癌症发病周期的一个例外。

在农药盛行的今天，白血病发病率一直呈稳步上升。从国家人口普查局得到的数据表明，造血组织的恶性病变在急骤增长。1960 年，仅白血病一项就造成一万二千二百九十人死亡。死于所有类型的血液和淋巴恶性肿瘤的人在 1950 年是一万六千六百九十人；到了 1960 年，就猛增到两万五千四百人。死亡率也由 1950 年的万分之十一点一增长到 1960 年的万分之十四点一。不仅是在美国，在其他所有国家已登记的各年龄的白血病死亡人数，都在以每年百分之四至百分之五的比例增长。这意味着什么？人类正日益频繁地在环境中接触到从未接触过的致命物质，但这些致命物质究竟来自何处呢？

许多像梅奥诊所这样世界有名的医疗机构已确诊有数百名患者是死于这类造血组织疾病。梅奥诊所血液科的马尔科姆·哈格雷夫博士以及他的一些同事的报告都说，这些病人都曾接触过很多化学物品，其中就包括 DDT、氯丹、苯、高丙体六六六和石油蒸馏物喷剂。

哈格雷夫博士相信："与使用各种有毒物质相关的环境疾病一直在增长，尤其是在最近十年中。"他根据自己丰富的临床经验判断，"大部分患有血液不良和淋巴疾病的病人都曾有过接触碳氢化合物的历史，而如今大部分杀虫剂都属于碳氢化合物。只要认真研究过病人病历，总会发现这种关联。"现在，这位专家治疗过大量的白血病、再生障碍性贫血、霍奇金病和造血组织疾病，让他拥有了很多详尽的病历。他说，"这些人都曾在这类环境致癌物质中被充分暴露过。"

这些病例说明了什么呢？我们在这里以一个厌恶蜘蛛的家庭妇女的病例为例。八月中旬，她带着含有 DDT 和石油蒸馏物的喷雾剂进入地下室，对地下室进行了彻底喷洒。楼梯下、水果柜、天花板和椽子等地方都被她喷了药。她喷完时，开始感到不舒服，出现了恶心和烦躁、紧张等症状。几天后，她感到好一些了。但很明显，她没能意识到自己得病的原因。到了九月，她又把上述喷药过程重复了两次，到了第三次后，她病了，出现了新的症状：包括发烧、关节疼痛和浑身不适，一条腿还得了急性静脉炎。经哈格雷夫博士检查后，她被发现得了急性白血病。两个月后她就死去了。

哈格雷夫博士的另一个病人是一名专业人员，他在一座被蟑螂侵扰的古老建筑物里办公。由于这些昆虫使他感到困扰，就自己动手采取了控制办法。他花了大半个星期天的时间对地下室和所有间隔地区进行了药物喷洒，喷洒的是浓度为百分之二十五的溶于甲基萘溶液中的DDT。不久后他的身体上就出现了瘀青，开始显出皮下出血并伴随着吐血。在进入诊所时他还在大出血。对他血液的分析发现，他患上了严重的骨髓衰退症，一种再生障碍性贫血。之后的五个月时间里，他不得不接受了五十九次输血，还有一些别的治疗。尽管当时他得到了局部恢复，但九年后还是患上了致命的白血病。

在涉及杀虫剂的病例里，所涉及的主要化学品是DDT、高丙体六六六、六氯苯、硝基苯酚、常见的治蛾晶体对位二氯苯、氯丹，当然还有溶解这些药物的溶剂。正如这位医生所强调的，单纯接触一种单一化学物质只是个例，而不是普遍情况，因为农药通常包含多种化学物质，这些化学物质会溶于石油蒸馏物，再加上一些分散剂。含有芳香烃和不饱和烃的溶剂本身就可能是引起造血器官损害的主要因素。从实践的层面（而不是从医学层面）来看，这一差别是并不重要的，因为这些石油溶剂毕竟是最普通的喷药操作不可缺少的一部分。

在美国和其他国家的医学文献中记载着许多有意义的病例，这些病例充分支持着哈格雷夫博士所坚持的化学物质与白血病及其他血液病存在因果关系的观点。这些病例包括各种日常生活中的人们：被自己的喷药设备或飞机喷洒的药物伤害的农民，一个在自己书房里喷药灭蚁后仍留在房中学习的学院学生，一个在自己家里安装了携带式高丙体六六六喷雾器的妇女，一个在喷过氯丹和毒杀芬的棉花地里工作的工人等等。在这些病例中，在那些专用医学术语的半遮掩下隐藏着许多人间悲剧，例如捷克斯洛伐克的两个表兄弟。这两个孩子住在同一城镇，并且总是在一起工作和玩耍。他们生前所干的最后一份工作是为一家合作农场装卸袋装杀虫剂（六氯苯）。八个月后，其中一个男孩首先病倒，他得了白血病，并在九天后死去；与此同时，他的表弟也开始感到疲劳和发烧，三个月不到，他的症状变得越发严重。最后只能住院，被诊断为急性白血病。最终他也不幸死亡。

另一个瑞典农民的病例使人想起金枪鱼渔船"福龙号"上的日本渔夫久保山的故事。跟久保山一样，这个瑞典农民一直是个健康的人，他在陆地上苦心营生就像久保山在海洋上辛苦劳作一样。从天空飘下来的毒药分别为他们两人带来了死刑宣判书。前者是致毒的放射性微尘，后者是化学粉尘。这个农民用含有DDT和六氯苯的药粉处理了大约六十英亩土地。当他工作时，清风把药粉吹得在他四周飘散。当天晚上他就开始感到异常困倦，并在以后的几天中一直感到虚弱无力，同时出现背疼、腿疼、发冷的症状。他被迫去上床休息。路德市医院的报告说："他的情况日益恶化。5月19日（喷药后一周）他要求住院治疗。"他发起高烧，并且血细胞计数结果也不正常。他被转入内科，两个月后死去。尸检结果显示，他的骨髓已经完全萎缩。

像细胞分裂这样一个非常重要的正常运动过程怎么会遭到破坏呢？这种现象是反常的，并具有破坏性，当前已引起了无数科学家的重视，花掉的钱也不知有多少。在一个细胞内究竟发生了什么变化，使得细胞有规律的增长变成了不可控制的癌增生？

如果将来能得出答案的话，这些答案一定是多样的。正像癌症本身呈现出多种形态一样，因其病源、发展过程和控制其生长或转移的因素的不同，其出现形式也就各不相同。所以，癌症必定会有相应的多种多样的病因存在，其中损害细胞的也许只是少数几种最基本的因素。在世界各地，广泛开展的研究有时完全不是作为癌症专业研究来进行的。但在这些研究中我们看到了曙光，这曙光总有一天会照亮这个问题。

我们又一次发现，只有对细胞及其染色体这些构成生命的最小单位进行观察，才能获取更大的视野来解开这个迷局。在微观的世界里，我们需要找到使细胞的神奇运行机制脱离正常轨道的那些因素。

有关癌细胞起源的最令人难忘的理论来自德国生物化学家奥拓·沃尔伯格教授，他在马克斯·普朗克细胞生理研究所工作。沃尔伯格将其一生都献给了对细胞内部的氧化过程的研究。因为有着丰富的研究经验，他对正常细胞变成癌细胞这一过程作了清晰的解释。

沃尔伯格相信，无论是放射性致癌物还是化学致癌物，都是通过破坏正常细胞的呼吸作用而剥夺了细胞的能量。这一作用可以由经常、重复地给予小剂量而产生。这种影响一旦形成就不可逆。那些没有被遏制呼吸的毒素直接杀死的细胞，会很艰难地企图补充失去的能量。它们不再能继续进行那种产生大量 ATP 的非凡而有效的循环，它们返回到一种原始的、效率极差的通过发酵作用进行呼吸的方式。借助发酵作用而维持生存的斗争经常会持续很长一段时间。这种发酵呼吸方式通过以后细胞分裂而传递下去，所以后来产生的全部细胞都具有这种非正常的呼吸方式。一个细胞一旦失去了它正常的呼吸作用，它就不可能重新得到这种作用；一年、一代甚至许多代时间内，细胞都不能再得到这种作用。但在这种为恢复失去的能量而进行的激烈斗争中，这些存活下来的细胞开始一点点利用新产生的发酵作用来补偿能量。这就是达尔文的生存斗争，在这种斗争中只有适应性最强的生命体才能生存下去。最后，这些细胞达到了这样一种状态，在这种状态中，发酵作用能产生跟呼吸作用一样多的能量。这样的结果等于说癌细胞已被从正常细胞中创造出来了。

沃尔伯格的理论阐明了其他方面许多令人迷惑的现象。大多数癌症的长潜伏期就是细胞无限大量分裂所需的时间，在这段时间里，由于呼吸作用开始被破坏，发酵作用就逐渐增长起来。发酵作用要发展到占统治地位需要一定的时间，由于在不同生物中发酵作用速度不同，因而在不同生物中所需时间也不同：在鼠体内这个时间较短，所以癌在鼠身上会很快出现；而在人身上这一时间较长（甚至几十年），所以在人身上癌病变的发展相对缓慢。

沃尔伯格的理论也解释了为什么在某些情况下，反复摄入小剂量致癌物比单次大剂量摄入更危险。一次大剂量中毒可以立即杀死细胞，而小剂量却容许一些细胞存活下去，但这些存活细胞已处于一种受威胁的状态，以后可能发展成为癌细胞。这就是为什么对致癌物来说，不存在一个"安全"剂量的原因。

沃尔伯格的理论也帮我们找到对另外一个不可理解的现象的解释：同一个因素既能治疗癌症，也能引起癌症。众所周知，放射性既能杀死癌细胞，也能引起癌症。目前被用于抗癌的许多化学药物也是如此。为什么会这样呢？因为癌细胞的呼吸作用已经受到损害，所以再加上一些危害，它就死了。而正常细胞的呼吸作用是第一次遭到损害，所以不会被杀死，而是开始走上了一条最终可能导致癌变的道路。

1953 年，另一些研究者借助长时期内的间歇性终止供养，就使得正常细胞变成了癌细胞，这样一来，沃尔伯格的观点得到了证实。1961 年，他的理论再一次得到证明，这一次不是用人工培养的组织，而是来自活体动物的实验。放射性示踪物质被注射进患癌的老鼠体内，精心测定老鼠的呼吸作用后发现，发酵作用的速度明显高于正常水平，与沃尔伯格的预料正好相符。

用沃尔伯格所创立的标准来进行测定，大部分农药都达到了致癌标准。正如我们在前几章中已经看到的，许多氯化烃、苯酚和一些除草剂都会妨碍细胞的氧化与能量产生过程。因此，大多数化学药物都能通过这种方式，创造出一些休眠癌细胞，在这种细胞中存在着一个不可逆转的病变因素。直到有一天病因被人遗忘，完全不会怀疑时，才会突然显现。

通向癌症的另一条途径很可能是染色体。在这个领域许多卓越的研究人员都用带着疑虑的眼光看待对染色体的危害、对细胞分裂的干扰之类可能引起突变的因素。在这些人眼里，任何突变都可能导致癌变。虽然关于突变的争论大多涉及生殖细胞，其影响很可能会在几代人后才显现出来，但实际上身体细胞也存在着突变。根据癌变起源于突变的理论，一个受到辐射或者化学物质影响的细胞会发生突变，并进一步脱离正常的分裂控制。因此，它完全可能毫无规律、不受限制地增殖，通过这种方式分裂成的新细胞也具有这种脱离控制的能力。一段时间后，这些新的细胞就有可能累积成癌变细胞成为癌症。

其他一些研究者指出，癌组织中的染色体是不稳定的，它们容易破裂或者受到损伤，并且数量也不稳定，甚至在一个细胞中会出现两套染色体。

首先发现染色体变态与癌变之间存在联系的是艾伯特·莱文和约翰·比塞尔。他们在纽约的斯隆·凯特琳研究所工作期间，开始关注恶性病变和染色体变异孰先孰后这个问题。最终他们一致认为，"染色体的异常变化发生在恶性病变之前。"他们推测，在染色体最初受到破坏并出现不稳定状态时，在之后的很长一段时间里，多代细胞会经历反复试验（这就是恶性病变的长潜伏期），这段长时间使突变最终被集中积累起来，并使细胞摆脱控制而开始不规则地增生，这个增生的结果就是癌。

欧几维德·温格是染色体稳定性理论的早期倡导者之一。他认为染色体的倍增现象特别关键。通过反复观察，六氯苯及其同类高丙体六六六能引起实验植物细胞中染色体倍增，而且这些化学物质与许多有可靠诊断证明的致命贫血症病例有牵连，那么这两者之间是否存在着联系呢？那么其他能破坏细胞分裂的杀虫剂又会怎样呢？会不会也破坏染色体，从而引起癌变呢？

很容易理解，为什么白血病是由一种放射性或与放射性有相似作用的化学物质引起的疾病。物理或化学致变因子针对的主要目标是那些分裂作用活跃的细胞。这包括了许多组织，不过最主要的是那些制造血液的组织。骨髓是人体红细胞的主要制造者，它每秒钟向人体血液中释放出将近一千万新的红细胞。白细胞形成于淋巴结和某些骨髓细胞中，速度不稳定，但一样很快。

某些化学物质使我们想起了放射性元素锶90，它们都跟骨髓有着密切的关系。

常被用作杀虫剂溶剂的苯会进入骨髓，并可在那沉积长达二十个月之久。多年前医学文献就已经把苯列为白血病的一个病因。

迅速生长的儿童身体组织也能提供适宜于癌变细胞发展的条件。麦克法兰·博莱特指出，白血病不仅在世界范围迅速增长，也在三至四岁年龄组儿童中变得极为普遍，而其他疾病并没有在这个年龄段的儿童中出现明显的增长。博莱特先生说："这种在三至四岁年龄段儿童中出现的白血病发病峰值，除了这些儿童在出生前后暴露于诱变刺激物下，很难有别的解释。"

另一种已知的致癌物是尿烷。当怀孕的老鼠经这种化学物质处理后，不仅母鼠患上了肺癌，而且幼鼠也同样患上了肺癌。在实验中，幼鼠暴露于尿烷的唯一可能是在出生前，这证明这种化学物质能通过胎盘的保护。正如惠帕博士曾警告过的，那些暴露于尿烷以及与其有关的化学物质下的人，其婴儿一定会在产前接触到这种物质，而在出生后导致肿瘤。

属于氨基甲酸酯的尿烷，在化学上与除草剂 IPC 和 CIPC 有关。尽管癌症专家们发出了警告，但氨基甲酸酯仍被广泛使用，不仅用作杀虫剂、除草剂、灭菌剂，而且还用在塑化剂、医药、衣料和绝缘材料等产品中。

通向癌症的道路也可能是间接的。有些物质一般来说不是致癌物，但它可以妨碍身体某些部分的正常功能，并由此引起恶性病变。癌症，特别是生殖系统的癌症就是最好的例证，它们的出现与性激素平衡被破坏有一定的联系；在某些情况下，这些性激素的破坏反过来又引起一些影响肝脏保持这些激素正常水平功能的后果。氯化烃正好属于能间接导致癌变的化学品，因为氯化烃对肝脏是有毒害作用的。

性激素在体内的存在是正常的，它起着刺激生殖器官发育的作用。但身体也会避免过多的性激素出现，肝脏就是用来平衡雄性激素与雌性激素的（不管是哪种性别都产生雄性激素和雌性激素，虽然数量比例不同），以避免任何一种激素的过多积累。如果肝脏受到疾病或化学物质危害，或者如果维生素 B 供应不足，肝脏的上述功能就会被破坏。在这种状况下，雌性激素就会达到一个异常高的水平。

后果如何呢？至少在试验动物身上找到了有力的证据。洛克菲勒医学研究所的一名研究人员发现，由于疾病而使肝脏受损的兔子，子宫肿瘤呈现高发病率，这位研究人员认为，子宫肿瘤高发的形成是因为肝脏已无法抑制血液中的雌性激素，以致"上升到了致癌的水平"。对小鼠、大鼠、豚鼠和猴子的广泛实验表明，雌性激素的长期作用（数量不是关键）能导致生殖器官组织发生变化，"从良性逐渐变化到明显的恶性病变"。通过服入雌性激素，欧洲大鼠也诱发出肾脏肿瘤。

虽然在这个问题上医学界还存在不同的观点，但大量证据支持这样一种观点，即同样的影响也会发生在人体组织中。麦吉尔大学维多利亚皇家医院的研究人员发现，他们研究过的一百五十例子宫癌病例的证据证明，有三分之二患者体内雌性激素含量水平异常高。后来的二十例中，百分之九十都具有高活动性的雌性激素。

虽然用所有现代医学手段都还无法检查出肝脏受到的损害，但实际上肝脏的损伤已足以破坏对雌性激素抑制的机制。氯化烃很容易引起这种情况，如我们所知，小剂量摄入氯化烃就足以引起肝细胞的变化，也同样会引起维生素 B 的损失。这极为重要，因为来自其他环节的证据表明，这种维生素具有抑制癌症的作用。斯隆·凯特琳癌症研究所前院长 C.P. 洛兹发现，为实验动物喂食酵母后，即使是接触强力致癌化学物质，实验动物也没有出现癌变。这很可能是因为酵母中富含天然维生素 B。维生素 B 缺乏可能引起的病症有口腔癌和消化道癌症。不仅在美国，在瑞典、芬兰的北部地区，也发现了类似现象，而那里的人们的饮食里缺乏维生素。那些患有原发性肝癌的种群通常都存在营养不良现象，例如非洲的班图族部落。非洲部分地区男性乳腺癌高发，大概也与肝脏疾病和营养不良有关。在战后，希腊曾很常见男性患乳腺增生，而那时正好赶上饥荒时期。

简言之，杀虫剂间接引发癌症的理论是基于它们能损伤肝脏、减少维生素 B 的摄入量这样一些事实。而这会导致体内雌性激素的异常增多。另外，人们还有更多机会接触到雌性激素，例如化妆品、药品、食物以及职业环境。

人类暴露于致癌化学物质（包括杀虫剂）下是不可控的，同时也是多样性的。一个人可以通过许多不同的方式与途径接触和摄入同一种化学物质。砷就是一个例子。它以各种形式存在于人的生活环境中：空气污染物、水污染物、食物中的杀虫剂残留、药品、化妆品、作为木料防腐剂，还有作为油漆和墨水中的染料存在等。十分可能的是，这些暴露方式中没有哪一种能单独致使人类发生癌变，但由于其他化学品"安全剂量"的累积，任何一次单一的接触都会导致天平的失衡。

同时，人类的恶性病变也可以由两三种不同致癌物的综合效应引发，因而存在着它们作用的综合影响。例如一个暴露于 DDT 下的人几乎同时也暴露于烃类之下，而这些烃类是作为溶剂、颜料展开剂、减速剂、干洗剂和麻醉剂被广泛使用着的。DDT 的"安全剂量"在这种情况下又有什么意义呢？

上述情况因为这样一个事实而变得更加复杂，那就是任何一种化学物质都可以作用于另一种化学物质，并因此改变其特性。癌症有时需要两种化学物质交互影响才能被诱发，其中一种化学物质先使细胞或组织变得敏感，另一种化学物质则促进催化真正的恶变发生。这样，除草剂 IPC 和 CIPC 就在皮肤癌的发生中起了诱发剂的作用，它播下了癌变的种子；而当另一些物质（也许是普通的洗涤剂）进入人体时，癌变就会发生。

更进一步说，在物理因素与化学因素之间，也可能存在着相互作用。白血病的发生过程可能分为两个阶段，恶性病变的开始是由 X 射线引起的，而摄入的化学物质（如尿烷）则起了促进作用。人群在各种来源的放射性中的暴露日益增加，再加上各种化学物质与人体的大量接触，这一切给现代世界提出了一个严峻的新问题。

放射性物质对供水的污染是另外一个问题。由于水中常包含着许多化学物质，那些成为水的污染物的放射性物质可以通过电离辐射作用，改变水中这些化学物质的性质，使这些物质的原子以不可预测的方式重新排列组合，而创造出新的化学物质来。

洗涤剂是一种特别普遍的污染物，现在成了公共供水中的一大麻烦。全美国的水污染处理专家们都为之头痛，但还找不到切实可行的方法来解决。人们现在几乎还不知道什么洗涤剂是致癌物，但洗涤剂可通过间接的方式促进癌变，它们作用于消化道内壁，使机体组织发生变化，使这些组织更容易吸收危险的化学物质，从而加重了化学物质的影响。但谁又能预见和控制这种作用呢？在这错综变幻的万花筒般的世界上，还有什么"安全"剂量可言吗？

我们容忍致癌因素在环境中的存在，我们就要对它可能产生的危险承担责任。这一危险已经被当前发生的情况清楚地展现出来。1961 年春天，在许多联邦、州和私人的鱼类孵化场，大量虹鳟鱼患上了肝癌。在美国西部和东部地区的鳟鱼也受到了影响；其中大多数有超过三龄的鳟鱼都百分之百得了癌症。之所以能有这一发现，是因为全国癌症研究所环境癌症科和鱼类与野生物管理局，在之前签署了一项有关鱼类健康的协定。这样做的目的是为了能够及时给予人们水质污染的早期预警。

尽管至今还在寻找在如此广阔地区发生这种流行病的确切原因，但最好的证据来自在事先准备好的鱼类产卵地的饵料。这些饵料除了基本的食物外，都含有令人难以置信的各种化学添加物和药物。

这个鳟鱼事件具有重要意义，但最重要的一点是它作为一个例子，说明了当一种强烈的致癌物被引入环境时，将会发生什么。惠帕博士把这一流行病看作是一个前车之鉴，它警告人们必须把极大的注意力放在对数量巨大、种类繁多的环境致癌物的控制上。他说道："如果不采取这样的预防措施，那么在鳟鱼身上出现的灾难，很快就会在人类身上重演。"

当发现我们正生活在一个如一位研究者所称的"致癌物的汪洋大海之中"时，这当然令人沮丧，并很容易使人产生绝望和失败的情绪。一个普遍的反应是："这难道不是一个毫无希望的状况吗？难道有可能从我们的世界上清除这些致癌因素吗？那就最好不要再浪费时间去进行试验了，干脆把全部力量用于发现治疗癌症的良药上，这样岂不是更好吗？"

对于这个问题，惠帕博士的回答是令人起敬的。他在癌症研究方面有着卓越的工作经验，他对这一问题进行了长时间的深思熟虑后，做出了一个全面的回答。惠帕博士认为，我们今天面临的癌症现状与19世纪最后几年人类所面临得传染病形式十分相似。因为巴斯德和科赫的杰出工作，病原生物与许多疾病间的病因关系得到确立。医学界人士甚至一般公众在当时都逐渐意识到，人类生存的环境已被大量的致病微生物所占据，正如今天致癌物遍及我们的环境一样。而大多数传染性疾病如今已被合理控制，有些实际上已被消灭。这一辉煌的医学成就是靠双重努力达到的，即预防加治疗。且不管"神奇药丸"和"起死灵药"在外行人头脑中占有多突出的地位，实际情况是，在抵抗传染病的战争中，真正具有决定性意义的大部分战役，是由消灭了环境中病原生物的措施完成的。一百多年前的伦敦霍乱大爆发就是一个历史例证。一位名叫约翰·斯诺的伦敦医生根据疾病发生的情况绘成了地图，他发现所有病例都发源于同一个地区，这个地区的所有居民都从宽街上的一个泵井里取水。斯诺博士迅速、果断采取了预防医学行动，更换了那个泵井的把柄，该流行病由此被控制住——不是通过用一种药丸去杀死引起霍乱的微生物，而是把它们阻止在人类环境之外。甚至从治疗手段来看也是如此，减少传染病的病源比治疗病人更能取得成效。现在结核病已相对稀少的一个主要原因是与这样一个事实有关的，即一般人现在很少有机会去和结核病病菌发生接触。

今天我们发现我们的世界充满了致癌因素。将我们全部力量或大部分力量集中到寻求治疗办法上（甚至想能找到一种治愈癌的"良药"），惠帕博士认为这样的努力注定会要失败的，因为这种做法没有考虑到环境是致癌因素中最大的因素。环境中的致癌因素继续虏获新的牺牲者的速度，将会超过至今还无从捉摸的"良药"能治疗癌症的速度。

以预防为主来与癌症斗争是一种常识性的办法，但为什么我们在采取这种办法的时候却总是这样迟缓呢？可能"是因为治疗癌症病人的目标比起预防癌症来更加激动人心，更加实在，更加引人注目和更加值得报酬吧"，惠帕博士这样说。然而，在癌症形成之前去预防癌症"确实是更为人道"，而且可能会"比治疗癌症有效得多"。惠帕博士几乎无法忍受这样一种满怀希望的想法，这种想法要求得到一种我们能在每天早饭前服用的神奇药丸，以保护我们免于患上癌症。公众之所以相信癌症能被这样防住，其部分原因是出于一种误解，即误认为虽然癌症是一种神秘的疾病，但它是由单一原因引起的单一疾病，因而满怀希望能有一种单一的办法治好它。当然，这和人们已知的真理相去甚远。环境癌症就正好是由十分复杂的多种化学因素和物理因素导致的，所以恶性病变本身就表现为多种不同的在生物学上独立的形式。

期望已久的"突破"假使有一天真能到来，也不可能指望它是一种万灵药。虽然我们仍会不懈地寻求治疗方法，为癌症患者减轻痛苦并带来希望，但宣扬立刻就要找到一种一步到位的方法，只会造成对人类的再度伤害。这注定了是一个缓慢而漫长的过程，必须要一步一步来。就在我们把大量的资金投入到研究、寻找治疗癌症的方法中去的同时，我们也在丧失采取措施预防癌症的黄金时机。

征服癌症的工作绝对不是毫无希望的。从某一方面来看，如今的前景远比19世纪末控制传染病时的令人鼓舞。在那时世界被致命的细菌笼罩，一如今天的世界充满了致癌物一样。不过，当时的人们并不曾把病菌散布到环境中去，人们只是无意识地传播了这些病菌。与之相反，是现代人自己把绝大部分致癌物散布到环境中去的，如果他们希望的话，他们就能够消除许多致癌物。在我们的世界上，致癌的化学因素已通过两种途径建立了自己的防线：第一，具有讽刺意味的是人们渴望更好、更轻松的生活方式；第二，制造和贩卖这样的化学物质已经变成我们的经济和生活方式中一个可接受的组成部分。

想让所有化学致癌物现在或将来能从世界上消失是不现实的。但相当大比例的化学致癌物并非我们的生活必需品。随着这些致癌物的被消除，它们加给生命的负荷将会大大减轻。与此同时，每四个人中将有一个人发生癌变的威胁至少能得到显著缓解。最顽强的努力应针对致癌物质的清除。它们正污染着我们的食物、我们的饮水和我们的大气；同时，这些致癌物对我们的影响是以最危险的方式存在的——微量、持续、不断反复、难以避免的接触。

在那些从事癌症研究的最优秀的人中，有许多人与惠帕博士有着共同的信念，他们相信通过不懈努力去查明环境致癌因素，并顽强地去消除或减少这类因素的影响，恶性病变是可以被有效征服的。为了医治那些已患潜在癌症或显性癌症的人，寻找治疗方法的努力当然必须进行下去；但对于那些尚未受到癌症危害的人，尤其是对那些尚未出生的后代来说，预防已迫在眉睫。

第十五章　大自然的反抗

"我们必须改变我们的哲学，摒弃认为人类优于其他物种的观念，并承认在自然中寻求限制生物种群的方法要比我们自己去控制更合理。"

我们冒着极大风险竭力想要把自然改造得适合我们的心意，但却从未能达到目的！这确实是个莫大的讽刺。然而这正是我们的实际情况。虽然很少有人提及，但真相却是，大自然从来就不是这样容易被塑造的。那些昆虫也能找到巧妙避开我们的化学药物的方法。

荷兰生物学家 C.J. 布雷约这样说："昆虫世界是大自然中最令人惊叹的奇观。在这个世界里没有什么是不可能的。通常看来最不可能发生的事情也会在那里发生。深入研究昆虫世界奥秘的人，总会为所见到的奇妙现象惊叹不已。他知道在这里任何事都可能发生，完全不可能的事情也会经常出现。"

这种"不可能的事情"现在正在两个广阔的领域内发生。通过遗传选择，昆虫正在发生应变以抵抗化学药物。下一章将对此做专门的讨论。不过现在我们要谈到的一个广泛的问题是，我们所使用的化学物质正在削弱环境本身所固有的天然防线。每当我们把这道防线击破一次，就会有一大群昆虫涌现出来。

报告从世界各地传来。这些报告揭示了一个真相，那就是我们正深陷泥潭。在大举用化学物质来控制昆虫的十几年后，昆虫学家们发现那些被他们认为已在几年前解决了的问题，现在却又重新回来折磨他们了。并且还出现了一系列新的问题，只要出现一种哪怕原本数量很不起眼的昆虫群体，它们就一定会迅速增长到成灾的程度。由于昆虫的天赋，使用化学手段控制昆虫简直就是在自讨没趣。由于设计和使用化学控制时未曾考虑到生物系统的复杂性，最终化学控制手段已被变成对整个生物系统的战争。人们可以预测化学袭击对付少数个别种类昆虫的效果，但却无法预测这样的袭击对整个生物群落的后果。

现今在一些地方，认为最初那个简单的世界才是存在着自然平衡的世界，而如今既然这种平衡已经被打破，那就不如彻底忘掉好了。有些人认为这样的想法合情合理，但把这种想法当作是行动的指南是非常危险的。今天的自然平衡不同于冰河时期的自然平衡，但是这种平衡依然存在。这是一个将各种生命联系起来的复杂、精密、高度统一的系统，再也不能对它漠然不顾了，否则就会像一个坐在悬崖边的人，无视重力原则注定会遭到重力定律的惩罚。自然平衡不是静止固定的，它是一种活动的、永远变化着的、不断调整的动态体系。人也是这个平衡中的一部分。有时这一平衡有利于人，而有时它会变得对人不利。当这一平衡受人的活动影响过于频繁时，总是变得对人不利。

现代社会昆虫控制计划的设计上有两个关键的事实被忽视了。第一个被忽视的事实是，真正能控制昆虫的是自然本身。物种的数量总是受着自然法则的控制的，昆虫学家称之为环境制约，这种制约是从生命刚一出现就存在着的。食物量、气候和天气条件、竞争对手和捕食性生物的存在，都是极为重要的制约因素。昆虫学家罗伯特·麦特卡夫说："防止昆虫破坏我们世界的安宁一个最主要的因素是昆虫在内部进行的自相残杀。"然而，现在大部分化学药物在对待昆虫上都是一视同仁，在杀死目标昆虫的同时，也杀死了其他的昆虫，无论敌友。

第二个被忽视的事实是，一旦环境的制约被削弱，某些物种就会以爆炸性的方式迅速繁殖。许多种生物的繁殖能力几乎超出了我们的想象，尽管我们偶尔也会意识到这点。学生时代起我就见识过一个奇迹：在一个装着干草和水的混合物的罐子里，只要加进去几滴取自原生动物的菌类培养液，奇迹就会出现。在几天内，这个罐子中就会出现一群打着旋，左冲右突的小如尘埃的生命——亿万个数不清的鞋子状的草履虫。它们在这个温度适宜、食物丰富、没有天敌的临时天堂里不受约束地繁殖。这种情景使我想起了使得海边岩石变白的藤壶和一大群连绵数海里的水母游过的景象；那些水母移动着，那看来是在无休止颤动着的鬼影般的形体，像海水一样虚无缥缈。

冬天里，当鳕鱼从海洋迁移到它们的产卵地时，我们看到了大自然的制约能力是在怎样创造奇迹。在产卵地，每条雌鳕鱼会产下几百万枚卵。如果所有卵都存活下来变成小鱼的话，这海洋就会变成鳕鱼的固体团块了。一般来说，每一对鳕鱼产几百万之多的幼鱼，只有当这么多的幼鱼完全存活下来，并长成成鱼去顶替它们双亲的情况下，它们才会给自然界带来干扰。

生物学家们常有一种假想：如果发生了一场不可思议的大灾难，自然界丧失了自己的抑制作用，而有一个物种单独繁殖起来了，到那时将会发生什么事情呢？在一个世纪前，托马斯·赫胥黎曾计算过，一只单独的雌蚜虫（具有不要配偶就能繁殖的神奇能力）在一年时间中能繁殖出的蚜虫的总量，相当于美国人口总重量的四分之一。失常的大自然所造成的可怕结果，曾被动物种群的研究者们所见识。畜牧业者们消灭土狼的狂热曾造成田鼠的成灾，而那之前，土狼制约着田鼠的数量。亚利桑那的凯巴布高原鹿的故事是另外一个相关案例。有一个时期，鹿群的数量与其环境处于一种平衡状态。一定数量的食肉动物——狼、美洲豹和土狼——限制着鹿的数量不超过它们的食物供给量。后来，人们为了"保护"这些鹿，发起了一个清除鹿群天敌的运动。于是，食肉动物被消灭了，鹿以惊人的速度繁殖，这个地区很快就没有足够食物提供给鹿群，于是鹿群开始以植物为食，鹿能够得着的所有树叶都被吃掉，最后，饿死的鹿远远超过了被猎食的数量。另外，整个环境也被这种鹿疯狂的寻食物行为所破坏。

田野和森林中捕食性的昆虫起着与凯巴布地区的狼和土狼同样的作用。杀死了它们，被捕食的昆虫的种群就会汹涌澎湃地发展起来。

没有人能知道地球上究竟有多少种昆虫，因为还有很多昆虫尚未被人们认识。不过，已经记录在案的昆虫超过了七十万种。这意味着，根据种类的数量来看，地球上的生物有百分之七十至八十是昆虫。但昆虫的绝大多数都受着自然力量的制约而不受人类的干预。假如不是这样，难以想象需要多少化学药物（或者别的方法）才能控制住它们。

可惜的是，往往在这种天然制约丧失前，我们总是很少知道这种制约的重要性。我们都生活在这个世界上，却对这个世界视而不见，根本看不到它和谐的美，看不到它的神奇和正生存于我们周围的各种生物令人难以置信的强大力量。这就是人们对捕食昆虫和寄生生物的活动能力几乎一无所知的原因。也许我们曾看到过在花园灌木上的一种具有凶恶外貌的奇特昆虫，并且蒙眬地意识到去祈求这种叫作螳螂的昆虫来消除别的昆虫。然而，只有当我们夜间去花园散步，并且用手电筒照见到处都有螳螂朝着它的猎物无声地爬过去时，我们才会理解所看到一切；到那时，我们就会理解由这种凶手和受害者所演出的这幕戏的意义；也只有到了那时，我们才会开始感觉到大自然借以控制自己的那种残忍力量的含义。

捕食者——那些杀害和削弱其他昆虫的昆虫——是种类繁多的。其中有些敏捷，快速得如同燕子在空中捕捉猎物一样。还有些一面沿着树枝费力地爬行，一面摘取和狼吞虎咽那些无法自主移动的蚜虫一类的昆虫。黄蚂蚁捕获这些蚜虫，并且用它的汁液去喂养幼蚁。泥蜂在屋檐下建造了柱状泥窝，并在巢内储存昆虫以供幼蜂食用。沙黄蜂飞舞在正在吃草的牛群上空，它们消灭了使牛群受罪的吸血蝇。大声嗡嗡叫的食蚜虻蝇，人们经常把它当作蜜蜂，它们把卵产在蚜虫滋蔓的植物叶子上，这样孵出的幼虫就能以蚜虫为食。瓢虫，又叫"花大姐"，也是一种最有效的蚜虫、介壳虫和其他吃植物的昆虫的制约者。一只瓢虫需要消耗掉几百只蚜虫才足以点燃自己的能量之火，瓢虫需要这些能量去产卵。

习性更加奇特的是寄生性昆虫。寄生昆虫并不立即杀死宿主，它们会用各种适当的办法把宿主当作自己后代的营养物。它们把卵产在它们俘虏的昆虫的幼虫或卵内，这样一来，当它们自己的幼虫孵化出来后，就可以衣食无忧。一些寄生昆虫把它们的卵用黏液粘贴在毛虫身上；在整个孵化过程中，出生的寄生幼虫会钻入宿主的皮肤里。其他一些寄生昆虫靠一种天生伪装的本能把卵产在树叶上，这样吃嫩叶的毛虫就会在不知不觉中把它们吃进肚子里。在田野上，在树篱笆中，在花园里，在森林中，捕食性昆虫和寄生性昆虫都在忙碌着。在一座池塘上空，蜻蜓在空中飞舞，阳光在它们的翅膀上闪烁着火焰般的光芒。它们的祖先曾在生活着巨大爬行类动物的沼泽中度日，而今天，它们依然像那个远古时代一样，敏锐无比地在空中用它那形成篮状的几条腿兜捕蚊子。在水下，蜻蜓的幼蛹（又叫"小妖精"）捕捉水生阶段的蚊子幼虫——孑孓和其他昆虫。在那儿，在一片树叶前有一只不易察觉的草蜻蛉，它有着绿纱般的翅膀和金色的眼睛，躲躲闪闪看上去很害羞；而它曾是一种在二叠纪生活过的古代物种的后裔。草蜻蛉的成虫主要以植物花蜜和蚜虫的蜜汁为生，并且把卵产在一个长茎的柄根，和一片叶子连在一起。从这些卵中孵化出它的孩子———一种被称为"蚜狮"的奇怪的、直竖着的幼虫，它们靠捕食蚜虫、介壳虫或小动物为生，吮吸它们的体液。在吐出白色的丝做成茧子度过其蛹期前，每只草蜻蛉需要吃掉几百只蚜虫。

当然还有很多种类的黄蜂和蝇，同样依靠寄生方式消耗其他昆虫的卵和幼虫来维持生命。一些寄生于虫卵的极小的蜂类，由于它们的巨大数量和活动能力，它们成为限制很多种危害庄稼的昆虫大量繁殖的主要力量。

所有这些微小的生命都在努力工作——在晴天，下雨时，白天和夜晚，甚至当严寒的冬天也从不会间断自己的工作，仍在隐隐燃烧自己的生命，等待春天的到来。与此同时，在厚厚的积雪下，在被冻得坚硬的泥土里，在树皮的缝隙中，还有隐蔽的洞穴，寄生虫和捕食性昆虫都能找到自己合适的栖身之所以度过寒冷的季节。

螳螂的卵会被安全地附着在灌木枝条上一个轻薄的羊皮纸样的小小匣子里，它的妈妈已随着夏季的结束而死去。

隐藏在阁楼一个角落里的雌性长脚黄蜂的体内，携带着大量受精卵，那是它未来的族群。这只单独生活的雌蜂会在整个春天都生活在一个很小的纸蜂巢里，在每个巢室里它都会产上一枚卵，并且小心地培育起一支小小的工蜂队伍。借助工蜂的帮助，她得以扩大自己的巢，并且发展出自己的蜂群。在整个炎热的夏天，工蜂都会不停地找吃的，吃掉无数的毛虫。

这样，由于它们自己的生活方式和我们的需求，这些昆虫和我们结成了天然的盟友，从而使得自然的平衡有利于我们。但是，现在我们却把炮口对准了我们的朋友。最可怕的是我们低估了它们对我们的敌人的牵制作用，完全不去想，如果没有它们的帮助，我们的敌人是否会危害到我们。随着杀虫剂的生产和使用的量日益增大，而且这些杀虫剂的种类越来越繁多，毁坏力越来越强；随之而来的是自然环境的自我防护能力的大幅下降。残酷的是，随着时间的流逝，我们可以预料会遇到更频繁、更难以应付的昆虫的袭扰。这些昆虫有的会给我们带来传染病，有的毁坏农作物等等，其种类之多将超出我们的想象。

你很可能会问："然而，这些不都是一种理论上得出的结果吗？无论如何，在我这辈子里不会发生。"但事实是它正在发生着，就在这儿，就在现在。据科学期刊记载，在1958年约发生过五十例与昆虫有关的自然平衡的严重失衡情况。而每一年都会不断有新的事例涌出。对这一问题，最近发表的一篇评论性文章参考了两百一十五篇论文，这些论文都讲述且讨论了杀虫剂引起的昆虫数量失衡导致的不利情况。

有时喷洒农药后，那些本来想消灭的昆虫的数量反倒迅速增加。最典型的例子是安大略的黑蝇在喷药后其数量增加了十六倍。另外，在英格兰，随着一种有机磷化学农药的喷洒，出现了白菜蚜虫的严重爆发——这是一种历史上没有过先例的大爆发。

在很多情况下，喷药尽管能有效控制目标昆虫，但却使得盛放灾害的潘多拉盒子被打开，那些以前从来就没制造过麻烦的昆虫，现在也成为了灾害。例如，当DDT和其他杀虫剂将红叶螨的敌人杀死后，这种红叶螨实际上已成为了一种全球性的对人类有害的生物。红叶螨不是一个昆虫种，而是一类小得几乎看不见的八条腿的生物，与蜘蛛、蝎子和扁虱同属一个种。它有一个适合于穿刺与吮吸的口器，特别喜欢摄食使世界变绿的叶绿素。它把它细小、尖锐的口器刺入叶子和常绿针叶的外层细胞抽吸叶绿素。这种有害生物的蔓延使得树木和灌木感染上斑状杂色点，当红叶螨群体过多时，植物的叶子就会变黄并凋落。

几年前，美国西部的一些国家森林就曾发生过这样的事情。美国林业服务局在1956年，曾对约八十八万五千英亩的森林喷洒了DDT。原来的意图是想控制云杉蚜虫蔓延，然而到了那年夏天，却发现出现了一个比云杉蚜虫更糟糕的问题。从空中对这个森林进行的观察发现，森林出现了大面积枯萎，那一带的那些华丽的道格拉斯冷杉正在变成褐色，它们的针叶也掉落了。在海伦娜国家森林公园里，在大贝尔特山的西坡，还有在蒙大拿直到爱达荷大面积区域里的森林像是遭受了一场大火似的。很明显，1957年的夏天那些地区经历了一场历史上最严重、最惊人的红叶螨灾害。几乎所有被喷过药的地区都未能幸免，而那些没有喷洒过药水的地区却没有受到明显破坏。当护林人回顾历史时，他们想起了另外几次红叶螨天灾，但都不像这次这样给人如此深刻的印象。1929年在黄石公园中的麦迪逊河沿岸，1949年在科罗拉多，还有1956年在新墨西哥州，都曾出现过类似的现象。每一次害虫的爆发都是发生在喷洒杀虫剂后。（1929年的那次喷洒是在DDT时代之前，当时使用的是砷酸铅。）

为什么红叶螨会因杀虫剂的喷洒突然兴旺起来？除了红叶螨对杀虫剂不敏感这一明显的原因外，看来还有两个其他的原因。在自然界，红叶螨的繁殖受到了许多种捕食性昆虫的制约，如瓢虫、瘦蚊、捕食性螨虫和一些掠食性臭虫，而所有这些昆虫对杀虫剂都极为敏感；另外一个原因必须从红叶螨群体内部的族群压力上去寻找。一个不构成灾害的螨群体是一个稠密的定居集团，它们会拥挤在一个能躲避敌人的保护带中。在喷药后，族群就会分散开来，这时螨虫虽未被化学药物杀死，但却受了影响，它们需要寻找新的环境来安身立命。这样一来，它们就会找到比以前更宽阔的领域和更充足的食物。同时，它们的天敌都被杀虫剂杀死了，因此它们不需要耗费精力构筑保护带，就能把更多精力用来繁殖后代。这样看来，它们的产卵量能增加三倍一点都不奇怪——而这一切都是拜杀虫剂所赐。

在一个有名的苹果种植区——弗吉利亚的谢伦多哈河谷南边的山谷中，当

DDT 开始代替砷酸铅后，一种被叫作红色带状卷叶虫的小昆虫就开始泛滥成灾起来。它之前造成的危害从没有这样严重过。这种小强盗索取的买路钱，很快就增长到需要人们付出百分之五十的收获作为代价的地步；不仅是在这个地方，在美国东部和中西部的大部分地区，随着 DDT 使用量的增加，这种卷叶虫很快成了苹果树最严重的害虫。

这一情况充满讽刺意味。早在 20 世纪 40 年代后期，在加拿大的新斯科舍的果园中，苹果卷叶蛾（导致"多虫苹果"的原因）蔓延最严重的情况出现在定期喷药的果园里。而在未曾喷药的果园中，这种蛾并不构成真正的麻烦。

积极喷药在苏丹东部得到了一个同样令人难以满意的结果。那儿的棉花种植者对 DDT 有着一种痛苦的经验。在盖斯三角洲灌区，那里种植了大约六万英亩棉田。DDT 的早期试验证明其有良好的杀虫效果，于是人们就加强了喷药。但麻烦也因此开始了。棉铃虫是对棉花危害最大的害虫。但棉田喷药越多，棉铃虫却变得越多。与喷过药的棉田相比，未喷药的棉田的棉桃和成熟的椿朵所遭受的危害较小，而且在两次喷药的田地里，棉籽的产量明显下降。虽然一些吃叶子的昆虫被消灭了，但任何可能由此而得到的利益，也全都被棉铃虫造成的危害抵消。最后，棉田种植者才恍然大悟：如果他们不给自己找麻烦，不去花钱喷药的话，他们的棉田本来是可以得到更高的产量的。

在比属刚果和乌干达，大量使用 DDT 对付咖啡树上的一种害虫，结果造成了"灾难性的后果"。害虫几乎完全没受到 DDT 的影响，可它的捕食者却对 DDT 异常敏感。

在美国，由于喷药扰乱了昆虫世界的种群动态，虫害愈演愈烈。最近所执行的两个大规模喷药计划正好取得了这样的效果。一个是美国南部的捕灭火蚁计划，另一个是消灭中西部的日本甲虫计划。（见第十章和第七章）

1957 年在路易斯安那州的农田里大规模使用了七氯后，导致甘蔗的一种最凶恶的敌人——小蔗螟泛滥成灾。在七氯处理过后不久，小蔗螟的破坏性急骤增长。旨在消灭火蚁的七氯却把小蔗螟的天敌们全都杀掉了。甘蔗遭受如此惨重损失，以致农民们试图起诉州政府，因为该州没有对这种可能发生的后果提前发出警告。

伊利诺伊州的农民也同样得到了一次惨痛的教训。为了控制日本甲虫，狄氏剂在伊利诺伊州东部的农田大面积施用。之后，农民们发现玉米螟在喷过药的地区大量增长起来。事实上，在施药地区谷物生长的农田里，所存在的玉米螟的幼虫是别的区域的两倍。农民们可能还不了解这里面的生物学原理，但不需要学者们的提醒，他们已经知道了自己做出了一个错误的决定：他们在企图摆脱一种昆虫的同时，为自己带来了另一种昆虫的要严重得多的虫灾。根据农业部预计，日本甲虫在美国所造成的全部损失总计约为每年一千万美元，而由玉米螟所造成的损失可达八千五百万美元。

另外值得注意的是，人们过去一直在很大程度上依靠自然力量来控制玉米螟。在这种昆虫于 1917 年被意外从欧洲带入美国后的两年时间里，美国政府就开始执行一项收集和进口这种害虫的天敌的计划。从那时起，二十四种以玉米螟为宿主的寄生生物被以很大代价从欧洲和东方引入美国。其中的五种被最后确定为具有单独限制玉米螟的效果。无须多说，所有这些工作所取得的成果现在已都损失殆尽，因为这些进口的玉米螟的天敌全都被药物杀死了。

如果有人怀疑这一点，那就请看看加利福尼亚州柑橘园的情况。19 世纪 80 年代，在加利福尼亚成功施行了世界上著名的生物防治试验。1872 年，加利福尼亚出现了一种以柑橘汁液为食的介壳虫，并且在随后的二十五年中发展成了一种有巨大危害的虫害，以致许多果园损失惨重。新兴的柑橘业受到了这一灾害的威胁，当时许多农民丢弃并拔掉了他们的果树。后来，由澳大利亚进口了一种以介壳虫为宿主的寄生昆虫——澳洲小瓢虫。在首批瓢虫引进后两年，加利福尼亚所有的柑橘种植区的介壳虫就得到了控制。从那时起，一个人在柑橘园里几天也不会找到一只介壳虫了。

然而到了 20 世纪 40 年代，这些柑橘种植者开始使用具有魔力的新式化学药物来对付其他昆虫。由于使用了 DDT 和随后出现的毒性更强的化学药物，加利福尼亚许多地方的政府花费五千美元引进的小瓢虫群体被扫地出门。这些瓢虫的活动每年为果农挽回几百万美元损失，只是由于一次欠考虑的行动，就被一笔勾销。介壳虫的侵扰迅速卷土重来，其灾害超过了五十年来所见过的任何一次。

里弗赛德的柑橘实验中心的保罗·德巴赫说："这可能标志着一个时代的结束。"现在，控制介壳虫的工作已变得极为复杂了。小瓢虫只有通过反复放养和极其小心地控制喷药才能够尽量减少它们与杀虫剂的接触。且不管柑橘种植者们怎么想，他们总要对附近土地的主人们发发慈悲，因为杀虫剂的飘散已经给邻居带来严重灾害。

所有这些例子谈的都是侵害农作物的昆虫，而带来疾病的那些昆虫又怎么样呢？这方面已经有了不少警示。其中一个例子是出现在南太平洋的尼桑岛上。那里在第二次世界大战期间曾大量喷洒药物，不过战争快结束的时候喷药就停止了。很快，传播疟疾的蚊子重新入侵该岛。而在那时，所有捕食蚊子的昆虫都已被杀死，新的群体还没来得及发展起来，因此蚊子的大量繁殖是理所当然的。马歇尔·莱尔德是这样描述自己的经历的，他把化学控制比作踏车——一旦我们踏上去，因为害怕未知的后果我们就无法停下来。

在世界各地，喷洒药物导致疾病暴发的方式有所不同。有理由相信，像蜗牛这样的软体动物看来几乎不受杀虫剂的影响，这一现象已被多次观察到。在佛罗里达州东部对盐化沼泽多次喷药后，通常唯有水蜗牛幸免于难。当时的情景呈现为一幅恐怖的画面——它很像是由超现实主义画家的刷子创作出来的那种东西。水蜗牛爬过死鱼的尸体和奄奄一息的螃蟹，吞食那些被毒雨杀死的生物。

然而这一切又有什么重要意义呢？它之所以重要，是因为蜗牛是很多有害寄生虫的宿主。这些寄生虫在它们的生命循环中，一部分时间要在软体动物身体中度过，另一部分时间在人体中度过。血吸虫病就是一个例子。当人们喝水或在被感染的水中洗澡时，这种寄生虫就会穿透皮肤进入人体，引起严重疾病。血吸虫是靠蜗螺宿主进入水体的。这种疾病尤其广泛地分布在亚洲和非洲地区。在有血吸虫的地方，助长蜗螺大量繁殖的昆虫控制办法似乎总能导致严重的后果。

当然，人类并不是蜗螺所引起的疾病的唯一受害者。牛、绵羊、山羊、鹿、麋、兔和其他各种温血动物中的肝病都可以由肝吸虫引起，这些肝吸虫的生命史有一段是在淡水蜗螺中度过的。受到感染的动物肝脏不适宜于被人类食用，否则相关人员会受到严厉的法律制裁。这种损失每年要浪费美国畜牧业者大约三百五十万美元。任何引起蜗螺数量增长的活动，都会明显地使这一问题变得更加严重。

在过去的十年中，这些问题已投下了一条长长的暗影，然而我们对它们的认识却一直十分缓慢。大多数有能力去研究生物控制法并协助付诸实践的人，却一直过分忙于在实行化学控制的更富有刺激性的小天地中操劳。1960年有报道指出，在美国仅有百分之二的经济昆虫学家在从事生物控制领域的工作，其余百分之九十八都受聘去研究化学杀虫剂。

情况为什么会这样？是因为一些主要的化学公司正在把金钱倾倒到大学里，以支持在杀虫剂方面的研究工作。这种情况产生了吸引研究生的奖学金和有吸引力的职位。而在另一方面，生物控制研究却从来没有得到过人们的捐助——原因很简单，生物控制不可能许诺给任何人一种类似于在化学工业中能得到的好处。

生物控制的研究工作都留给了州和联邦机构的职员们，而在这些地方的工资要少得多。

这种现象也解释了这样一个不那么神秘的事实，即为何一些著名的昆虫学家会站出来为化学控制辩护。对这些人中某些人的背景进行了调查，披露出他们的研究计划都是由化学工业资助的。他们的专业声誉，有时甚至是他们的工作本身都依赖于化学控制方法的存在。毫不夸张地说，难道能指望这些人去咬那只给他们喂食的手吗？

在为化学物质成为控制昆虫的主要手段的欢呼声中，少数昆虫学家也发出了不同声音。这些昆虫学家没有无视这样一个事实，那就是自己既不是化学家，也不是工程师，而是生物学家。

英国的 F.H. 雅各布声称："从很多被称之为经济昆虫学家的人的行为来看，他们的确相信喷洒药物的喷头能拯救世界……他们相信，如果出现了抗药性，或是毒害了哺乳动物，那么化学家们一定能拿出更灵验的药来。然而事实却并非如此……现在人们还认识不到，最终只有生物学家才能为根治害虫问题给出答案。"

新斯科舍的 A.D. 皮克特这样写道："经济昆虫学家必须要意识到，他们是在和活的东西打交道，他们所要做的不仅仅是测试杀虫剂，或者寻求更具破坏力的化学药物。"皮克特博士本人是创立控制昆虫合理方法的研究领域的先驱，他所研究的防治方法十分有效地利用了捕食性昆虫和寄生虫。这在今天已经成为一种典范，还没有人超越。只有在加州的一些昆虫学家提出的综合性防治计划中，我们才能看到在美国也存在类似的成就。

大约在三十五年前，皮克特博士在新斯科舍的安纳波利斯山谷的苹果园里开始了自己的研究工作。那里是加拿大最主要的水果种植区。那时候，人们最初以为杀虫剂（当时只有无机化学药物）能解决昆虫控制问题，人们相信唯一要做的事是劝说果农接受他们的建议。但美好的愿望并没有带来美好的结果，昆虫问题一如既往地存在。于是，人们又投入了新的化学药物，更好的喷药设备也被发明出来，并且对喷药的热情也在增长，但昆虫问题并未得到任何好转。后来，人们又说DDT能够"驱散"苹果卷叶蛾爆发带来的"噩梦"，可实际上由于DDT的使用引起了一场史无前例的螨虫灾害。对此皮克特博士说："我们只不过是在从一场危机进入另一场危机，用一个老问题换来了另一个新问题。"

因此，这个时候皮克特博士和他的同事们提出了一个全新的方案，不因循那些昆虫学家继续寻求更强大的化学药物的老路。皮克特博士和他的同事们认识到，在自然界存在着人类的天然盟友，他们设计了一个计划，这个计划将最大限度地利用自然控制作用，把杀虫剂的使用降低到了最低程度。在不得不使用杀虫剂时，也把剂量控制在最小，使其足以控制害虫而不至于给有益的物种带来伤害。计划还考虑到了合适的时机。例如，如果在苹果树的花朵转为粉红色前，而不是在这之后去喷洒硫酸烟碱，那么一种有重要作用的捕食性昆虫就能幸免，因为在那时，这种昆虫还是未孵化的卵。

皮克特博士特意挑选了那些对寄生昆虫和捕食性昆虫危害极小的化学药物。他说："如果在我们把DDT、对硫磷、氯丹和其他杀虫剂作为日常控制措施使用时，能按照我们过去使用无机化学药物时所采用的方式去做，那些对生物控制感兴趣的昆虫学家也就不会有那么大的意见了。"他没有使用那些毒性更强、杀伤范围更大的杀虫剂，而是主要使用鱼尼丁（萃取自一种热带植物的根茎）、硫酸烟碱和砷酸铅。在某些情况下他们也会使用浓度非常低的DDT和马拉硫磷（每一百加仑中加入一或两盎司，而不是常用的一百加仑中加入一或两磅）。虽然这两种杀虫剂是现有杀虫剂中毒性最低的，但皮克特博士仍希望通过进一步的研究能用更安全、选择性更好的东西来取代它们。

他们的计划进行得怎样了呢？在新斯科舍，遵照皮克特博士修订的喷药计划，果园种植者们和使用强毒性化学药物的种植者一样，正在生产出大量的头等水果。而且，他们获得上述成绩的实际花费是较少的。在新斯科舍地区的苹果园中，用于杀虫剂的经费只相当于其他苹果种植区经费总数的百分之十到百分之二十。

比这些更为重要的是，新斯科舍的昆虫学家们所执行的这个修改过的喷药计划，没有对大自然的平衡造成损害。情况正朝着十年前由加拿大昆虫学家G.C.乌里耶特所描述的那个方向发展，他曾说："我们必须改变我们的哲学，摒弃认为人类优于其他物种的观念，并承认在自然中寻求限制生物种群的方法要比我们自己去控制更合理。"

第十六章　崩溃声隆隆

而昆虫的抗药性再一次证明，任何暴力手段都不会是对付自然的有效手段。

今天，如果达尔文还活着，他一定会为适者生存理论在昆虫世界得到的验证感到吃惊并兴奋不已。通过人类不遗余力地喷洒化学药物，在巨大的生存压力下，昆虫种群中那些无法适应的弱者被消灭，如今只有那些健壮和适应能力强的才在反控制中存活了下来。

半个世纪前，华盛顿州立大学的昆虫学教授 A.L. 梅兰德问过这样一个在现在看来纯属修辞学的问题："昆虫是否能逐渐变得具有耐药性？"如果说当时无法给予梅兰德清晰准确的回答，那只是因为他的问题提出得太早——他是在 1914 年提出这个问题的，而不是在四十年后的今天。在 DDT 时代之前，使用无机化学药物的规模在今天看来是过于谨小慎微的，但却已经出现了昆虫对药物的适应应变现象。当时梅兰德本人正受到梨园蚧的困扰，他曾花费了几年时间用硫化石灰控制住了这种虫子，但不久后，在华盛顿的克拉克森地区这种昆虫就变得顽强起来——它们比在维纳奇和雅基玛山谷果园中时更难被杀死。

突然间，在美国其他地区的这种介壳虫似乎都一下子明白了：无论果农们怎样勤劳地喷洒硫化石灰，它们也不一定就会死掉。那之后，美国中西部地区成千上万英亩的优良果园就被这种有了抗药性的昆虫毁灭了。

与此同时，在加利福尼亚一种长期为人们所推崇的方法——用帆布帐篷将树罩起来，再用氢氰酸蒸汽熏——在一些地区出现了不好的结果。于是加利福尼亚柑橘试验中心开始研究这个问题，这一研究从 1915 年左右开始，一直持续进行了四分之一世纪。到了 20 世纪 20 年代，苹果卷叶蛾也有了抗药性，而在这之前的四十多年里，砷酸铅一直都能有效地控制这种昆虫。

不过，只有在 DDT 和它的同属化学药物出现后，真正的昆虫抗药时代才算开始。

仅仅几年里，就出现了一个危险的问题，任何有点儿最简单的昆虫知识或动物种群动力学知识的人，对下述事实都不会感到惊奇。尽管人们慢慢知道了昆虫拥有对抗化学物质的能力，但看来目前只有那些与带病昆虫打交道的人才觉悟到这一情况的严重性。虽然现实是这样，但大部分农学家还在指望能有新的毒性更强的化学药物出现。

与人们认识到昆虫抗药性的缓慢不同的是，昆虫获得抗药性的速度却非常迅速。在 1945 年以前，仅知大约有十几种昆虫对 DDT 出现以前的某些杀虫剂逐渐产生了抗药性。但随着新的有机化学物质的大量出现，以及广泛应用的新方法的发明，昆虫抗药性开始急骤发展，到了 1960 年，有一百三十七种昆虫已具有了抗药性。但没有一个人相信事情会到此为止。关于这个课题现在已出版了不下一千篇技术报告。世界卫生组织在世界各地约三百名科学家的支持下，宣布"抗药性现在是对抗定向控制计划的一个最重要的问题"。著名的英国动物种群研究者卡尔斯·艾尔顿博士曾说过："我们正在听到一个可能发展成巨大雪崩的早期隆隆声。"

有时抗药性发展得如此之迅速，以致一篇有关昆虫的化学药物控制成功的报告墨迹未干，就不得不再发出另外一个修正了的报告。例如在南非，牧场主长期为蓝扁虱所困扰，单在一个大牧场中每年就有六百头牛死于这种生物。经过多年的药物控制，这种扁虱已对砷喷剂产生了抗药性。然后换成六氯化苯，最初在一个很短的期间内情况看起来令人满意。在 1949 年初发布的报告就声称，抗砷的扁虱能够很容易地被这种新化学物质控制；但到了年底，就不得不宣布扁虱对这种新的药物有了抗药性。这一情况激发一位作家在 1950 年的《皮革贸易评论》上撰文说："如果人们了解事件的重要性，在科学圈悄悄流传的消息和国外媒体报道的新闻，就足以像原子弹爆炸那样登上头条。"

虽然昆虫抗药性是一个被农业和林业关注的问题，但在公共健康领域中也引起了极为严重的恐慌。各种昆虫和人类许多疾病之间的关联古已有之。疟蚊会把引起疟疾的单细胞微生物注射进人的血液中，还有另外一些种类的蚊子能传播黄热病、脑炎等。家蝇虽然不会叮咬人，但也会污染人类食物，传染痢疾杆菌，并且在世界许多地方传播眼疾。疾病及其昆虫携带者（即带菌者）的名单中还包括传染斑疹伤寒的虱子，传播鼠疫的鼠蚤，传播非洲嗜睡病的采采蝇，传播各种发烧症的扁虱等等。

这些都是非常重要的问题。任何一个负责任的人都不会认为可以对其不加理会。现在我们面临的最迫切的问题是，用正在使这一问题恶化的方法来解决这一问题，是否明智和负责任呢？我们的世界已经听到过太多通过控制昆虫来战胜疾病的胜利消息，但我们却很少了解事情的另一面——我们的失败。每次胜利的短促都在告诉我们，正是我们自己使得我们的昆虫敌人变得更加大。

一位受雇于联合国卫生组织，负责调查昆虫抗药性问题的加拿大昆虫学家布朗博士在 1958 年出版的专题报告中写道："在向公共健康计划中引入强毒性人造杀虫剂后不到十年，主要的技术问题就已变成受到过治理的昆虫的抗药性了。"在他出版这部报告的同时，世界卫生组织警告说："目前正在进行的针对昆虫传播疾病（例如霍乱、斑疹伤寒、鼠疫等）的控制面临着失败的可能，除非这一新问题能迅速被人们解决。"

挫败究竟到了怎样的程度？具有抗药性昆虫的名单现在实际上已包括了全部具有医学意义的昆虫。黑蝇、沙蝇和采采蝇看来还没有对化学物质产生抗药性。另一方面，家蝇和衣虱的抗药性现已发展到了全球范围。征服疟疾的计划由于蚊子有了抗药性而变得越发困难。鼠疫的主要传播者东方鼠蚤最近已表现出对 DDT 的抗药性，这是一个严重的现象。各个大洲和大多数岛屿都传来报告说当地许多种昆虫有了抗药性。

首次在医学上应用现代杀虫剂是在 1943 年的意大利。当时盟军政府把 DDT 粉剂撒在大批人身上，成功消灭了斑疹伤寒。两年后，为控制疟蚊，政府进行了一次大面积的喷洒药物。但仅在一年后问题就出现了，家蝇和蚊子开始对药物表现出了抗药性。1948 年，一种新型化学物质氯丹被作为 DDT 的增补剂使用，这一次有效控制持续了两年。但到了 1950 年 8 月，对氯丹有抗药性的苍蝇出现了，到了年底，所有家蝇和库蚊都对氯丹有了抗药性。昆虫的抗药性的产生速度跟新型化学药物的开发投入速度几乎一样快！到了 1951 年底，DDT、甲氧七氯、氯丹、七氯和 BHC 都被列入了失效化学药物的名单中。同时，苍蝇却变得"多得出奇"。

20 世纪 40 年代后期，同样的一连串事件发生在了撒丁区。在丹麦，含有 DDT 的产品于 1944 年首次被使用；到了 1947 年，对苍蝇的控制计划就在许多地方失败了。在埃及一些地区，到 1948 年时，苍蝇已对 DDT 产生了抗药性；于是用 BHC 代替，不过效果持续也不过一年。一个埃及村庄是这一问题的突出代表。1950 年，杀虫剂有效地控制住了苍蝇，在同一年中，初期的苍蝇死亡率下降了将近百分之五十；但到了第二年，苍蝇就对 DDT 和氯丹有了抗药性，它们的数量恢复到了原有的水平，苍蝇死亡率也随之恢复到了原先的水平。

在美国，到 1948 年时田纳西河谷的苍蝇已对 DDT 普遍有了抗药性。其他地区的情况也差不多。改用狄氏剂也毫无成效，因为在一些地方仅仅两个月苍蝇就对这种药物产生了抗药性。在普遍使用了有效的氯化烃类之后，控制物又转向了有机磷类；不过抗药性的故事再次重演。专家们现在的结论是："杀虫剂技术已不能解决家蝇控制问题，必须重新依靠一般的卫生措施。"

意大利的那不勒斯对衣虱的控制是 DDT 最早、最出名的成效之一。在那之后的几年中，1945 至 1946 年的冬天，用这种药物在日本和朝鲜成功地控制了影响达二百万人的虱子。1948 年西班牙斑疹伤寒防治计划的失败，预示着问题的到来。一开始尽管失败了，但有成效的室内实验仍使昆虫学家们相信虱子未必会产生抗药性；但到 1950 至 1951 年冬天，发生在朝鲜的事使他们大吃一惊。当 DDT 粉剂在一批朝鲜士兵身上使用后，虱子反而更加猖獗了。把这些虱子收集起来进行检验后，发现百分之五的 DDT 粉剂不足以杀死它们。从东京流浪者、板桥区贫民窟和叙利亚、约旦以及埃及东部的难民营中收集来的虱子也得出了同样的结果，由此确定 DDT 对控制虱子和斑疹伤寒失去效果。到了 1957 年，对 DDT 有抗药性的虱子的所在国名单已包括伊朗、土耳其、埃塞俄比亚、西非、南非、秘鲁、智利、法国、南斯拉夫、阿富汗、乌干达、墨西哥和坦噶尼喀。在意大利最初出现的那种狂喜看来有点为时过早。

对 DDT 产生抗药性的第一种疟蚊是希腊的萨氏按蚊。1946 年为了控制这种蚊子开始大规模地喷洒药物，并取得了最初的成功；但到了 1949 年，观察者发现大批成年蚊子停息在道路桥梁的下面，而不待在已经喷过药的房间和马厩里。不久后，这种蚊子在外面停息的地方很快就扩展到了洞穴、阴沟和橘树丛。很明显，成年按蚊已经对 DDT 有了足够的耐药性，它们能够从喷过药的建筑物逃脱出来，并在露天下休息和恢复。几个月后，它们就能够在房子中滞留了。并且，人们在房子中发现它们停歇在喷过药的墙壁上。

这是一个如今已出现的严重情况的先兆。疟蚊对杀虫剂的抗药性增长极快，这一抗药性的产生，完全是由消灭疟疾的房屋喷药计划本身创造出来的。在 1956 年，只有五种疟蚊表现出抗药性；而到了 1960 年初，这一数字已增加到了二十八种！其中包括非洲西部、中美、印度尼西亚和东欧地区非常危险的疟蚊。

在传播其他疾病的蚊子中，也出现了类似情况。一种携带了跟橡皮病这类疾病有关的寄生虫的热带蚊子，在世界许多地方已变得具有很强的抗药性。在美国一些地区，传播西方马脑炎的蚊子已经产生了抗药性。一个更为严重的问题与黄热病的传播者有关。在几个世纪中，这种病引起的都是世界性的灾难。拥有抗药性的黄热病蚊子首先在东南亚出现，而现在已在加勒比海地区普遍存在。

来自世界许多地方的报告证明了抗药性对疟疾以及其他一些疾病的影响。在特立尼达，1954年黄热病大爆发，就是跟对病源蚊子进行控制后，蚊子产生了抗药性相关。在印度尼西亚和伊朗，如今疟疾又重新活跃起来。在希腊、尼日利亚和利比亚，蚊子们生存了下来，并继续传播疟原虫。

通过控制苍蝇减少腹泻病的努力，在佐治亚州取得的成绩在不到一年时间里就丧失殆尽。而在埃及，通过控制苍蝇降低的急性结膜炎发病率的成果，在1950年后也不复存在了。

有一件事对人类健康来说并不太严重，但从经济价值来看却很值得注意，那就是佛罗里达的盐化沼泽地的蚊子也表现出有了抗药性。虽然这些蚊子不传染疾病，但它们成群出来吸人血，从而使得佛罗里达海岸广大区域成了无人居住区，直到一个很艰难而且是暂时性的控制行为实行之后，这一情况才有所改变；但如今，这一成效很快就消失了。

到处可见的普通家蚊都正在产生抗药性，这一事实应当使现在许多正定期进行的大规模喷药停下来。在意大利、以色列、日本、法国以及包括加利福尼亚、俄亥俄、新泽西和马萨诸塞州等美国的部分地区，普通家蚊现在已对毒性最强的杀虫剂有了耐药性，在这些杀虫剂中应用最广的是DDT。

扁虱是另一个问题。木扁虱是脑脊髓炎的传播者，它最近已产生了抗药性，褐色狗虱抵抗化学药物毒力的能力已经完全、广泛地固定下来了。这一情况对人类、对狗都成了一个问题。这种褐色狗虱是亚热带品种，当出现在像新泽西州这样的北方地区时，它必须在比室外温暖得多的建筑物里过冬。美国自然历史博物馆的J.C.派利斯特于1959年夏天报告说，他接到许多来自西部中心公园西路住户的电话，因为"每隔一段时间，就会有一整所房屋染上虱子，并且很难清除。狗会在中心公园染上扁虱，然后这些扁虱开始产卵，并在房屋里孵化出来。看来它们对DDT、氯丹或我们现在在使用的其他大部分药物都有免疫力。过去在纽约市发现扁虱是很不寻常的事，而现在它们已布满了这个城市和长岛，布满了维斯切斯，并蔓延到了康涅狄格。在最近五六年中，我们都注意到了这一情况。"

遍布于北美许多地区的德国蟑螂已对氯丹产生了抗药性，氯丹一度是灭虫者们的得意武器，但现在他们只好改用有机磷了。然而，当前由于昆虫对这些杀虫剂逐渐产生了抗药性，这给灭虫人提出了这样一个问题：下一步怎么办？

由于昆虫抗药性的不断发展，负责防治虫媒疾病的机构现在不得不轮番用一种杀虫剂代替另一种杀虫剂。不过，如果没有化学家们创造发明新的化学物质的话，这种办法是不可能无限持续下去的。布朗博士曾指出，我们正行驶在"一条单行道"上，没有人知道这条路有多长；如果在我们到达死亡的终点之前还没有有效控制住带病昆虫的话，我们的处境确实很危险。

对早期无机化学药物具有抗药性的农业昆虫的名单上大约只有十几种，而现在已经是一个很大的群了，这些昆虫都对 DDT、BHC、六氯联苯、毒杀芬、狄氏剂、艾氏剂，甚至人们曾寄予厚望的磷酸盐类有了抗药性。1960 年，庄稼害虫具有抗药性的已达六十五种之多。

首例对 DDT 具有抗药性的昆虫于 1951 年出现在美国，这大约是在首次使用 DDT 后的六年。最难控制的情况也许与苹果卷叶蛾有关，这种蛾如今实际上在全世界苹果种植区都对 DDT 产生了抗药性。卷心菜昆虫的抗药性正在成为又一个严重问题。美国很多地区的马铃薯有害昆虫也正拥有逃脱化学控制的能力。六种棉花昆虫、蓟马、果蛾、叶蝉、毛虫、螨、蚜虫、铁线虫等许多昆虫现在都对农民喷洒化学药物无动于衷。

但化学工业不愿面对抗药性这一事实。甚至到了 1959 年，当已经有一百多种常见昆虫对化学药物有明显抗药性后，一家农业化学的主要刊物还在问昆虫的抗药性"是真的，还是想象出来的"。然而，当化学工业把面孔转过去时，昆虫抗药性问题却并未因此消失，它也给化学工业制造了一些不愉快的经济问题。首先，用化学物质进行昆虫控制的费用不断增长。提前库存大量化学药品已经不再可能——因为今天还有效的杀虫剂，明天就会失效。用于支持和推广杀虫剂的大量财政投资很可能会被取消，因为这笔资金很可能会白白浪费，而昆虫抗药性再一次证明，任何暴力手段都不会是对付自然的有效手段。当然，迅速发展的技术会为杀虫剂发明出新的用途和新的使用方法，但最终人们总会发现昆虫仍然安然无恙。

达尔文本人可能也找不到一个比昆虫抗药性的产生过程，能更好地证明自然选择的例子了。在一个原始种群中，每只昆虫在身体结构、活动和生理机能上都会表现出差异，而只有"顽强的"昆虫才能抵抗住化学药物活下来。喷药只是杀死了那些弱者，所有在毒药下生存下来的昆虫都会拥有一种内在的能力，用来帮助它们逃脱危险。它们的这种能力会通过繁殖出新一代借助简单的遗传性传递下去，从而使得新一代昆虫天生拥有了对药物的适应性。这一情况不可避免地产生了这样一种结果，即用烈性化学药物进行强化喷洒，只会使原先打算解决的问题更加糟糕。几代之后，一个单独由顽强的具有抗药性的种类所组成的昆虫群体，就会取代原先由强者和弱者共同组成的差异性混合种群。

昆虫借以抵抗化学物质的方法可能是多种多样的，并且现在还不为人们所了解。有人认为，有的昆虫是借助结构优势在抵抗化学药物，但这没有证据。然而，由观察来看，一些昆虫种类确实拥有免疫性。布雷约博士在丹麦麦佛比泉虫害防治研究所对苍蝇进行了观察，他报告说："它们在充满 DDT 的环境中嬉戏，就像从前的男巫在烧红的炭块上欢跳一样。"

从世界其他地方都传来了类似的报告。在马来西亚的吉隆坡，蚊子第一次接触 DDT 的第一反应是逃出屋子。当抗药性产生后，它们就重新回来。在它们停留过的地方，能看到 DDT 表面留下的痕迹。另外，在中国台湾南部的一个兵营里，发现具有抗药性的臭虫身上就带有 DDT 的粉末。在实验室，把这些臭虫包在一块浸透了 DDT 的布里，它们活了一个月之久，并且产出卵来，孵化出的幼虫健康正常。

不过昆虫的抗药性并不一定依赖于身体的构造。对 DDT 有抗药性的苍蝇体内有一种酶，可以把 DDT 降解为毒性较小的 DDE。这种酶只产生在那些具有 DDT 抗药性遗传因素的苍蝇身上。当然，这种抗药性因素是遗传性的。至于苍蝇和其他昆虫如何对有机磷类化学物质产生抗药性，这一问题现在还不大清楚。

一些活动习性也可以使昆虫避免接触到化学药物。很多工作人员都注意到了那些拥有抗药性的苍蝇喜欢停歇在未喷药的地方，它们很少停在喷过药的墙壁上。具有抗药性的家蝇很可能有稳定的飞行习性，总是停落在同一个地点，这样就大大减少了与残留毒素接触的次数。有一些疟蚊的习性可以尽可能地避开与 DDT 的接触，这样实际上等于拥有了抗药性。一旦开始喷药，它们就会飞离室内来到户外。

通常，昆虫产生抗药性需二到三年时间，但偶然也有只需要一个季度甚至更少的时间的。在另一种极端情况下，也可能需要六年之久。一种昆虫在一年中繁殖的代数是很重要的，而且跟种类与环境气候有关，这类因素能影响到昆虫繁殖的数量。例如，加拿大苍蝇比美国南部的苍蝇抗药性发展得慢一些，因为美国南部漫长而炎热的夏天适宜于昆虫的繁殖。

　　有时人们会带着希望问："如果连昆虫都有了抗药性，人类为什么不能呢？"从理论上讲，人类也是可能的；然而产生这种抗药性需要几百年甚至几千年时间，对于如今活着的我们来讲是完全没有希望的。抗药性不是一种在个体生物中产生的属性，如果一个人生下时就具有一些特性使他能比其他人更不容易中毒的话，那么他就更容易活下来并且把这种特性通过遗传传递下去。因而，抗药性是一种在一个群体中需要经过好几代人才能产生的属性。人类繁殖的速度大约来说为一个世纪三代，而昆虫繁殖出下一代只需几天或几星期。

　　"昆虫给我们造成了一定的损害，但对此我们多少还能忍受点，比起用尽各种方法寻求消灭它们以求暂时免于受害，我认为还不如承受一点损失更加明智。"这是布雷约博士在担任荷兰植物保护服务署主管时给出的忠告。他说，"从实践中得出的经验是'尽可能少喷药'，而不是'尽量多喷药'。施加给害虫种群的喷药压力应当尽可能地减少。"

　　不幸的是，这样的看法并未在美国的那些农业服务部门得到认可。农业部专门论述昆虫问题的 1952 年年鉴承认了昆虫正在产生抗药性这一事实，不过它又说："为了充分控制昆虫，需要更多地使用杀虫剂。"农业部并没有提及，如果只剩下那些未曾使用过的可能能杀死昆虫的化学药物了，将会发生什么事。到了 1959 年，也就是农业部提出建议后的第七年，康涅狄格州的一位昆虫学家在《农业和食品化学》杂志上刊文谈道："至少有一两种害虫正在经历最后能用的化学药品。"

　　对此布雷约博士说：

　　"更清楚不过的是，我们正走在一条危险之路上……我们不得不加大对别的方法的研究来寻求新的控制昆虫的方法，并且这种新的方法必须是生物学而不是化学的。我们的意图是谨慎指引自然过程，而不是使用蛮力……我们需要更高层面的判断能力和更加深刻的洞察力，但我发现我们的很多研究者并不具备这样的素质。生命是一个奇迹，远远超过了我们的理解能力。甚至在我们不得不与它斗争的时候，我们也需要对它心存敬畏……依赖杀虫剂这样的武器来消灭昆虫，充分证明了我们的无知和能力有限。如果懂得怎样去引导自然进程发展的方向，那么就没必要依靠暴力。在这里，需要的是谦卑而不是自以为是。"

第十七章　另外的道路

"控制自然"这个词本身就是妄自尊大的产物，它是产生于生物学和哲学的初级阶段的东西，当时人们设想能"控制自然"，是因为以为自然是为人类而存在的。

现在，我们正处在一个十字路口上。但这两条路完全不同于人们所熟悉的罗伯特·佛罗斯特的诗中的道路。长期以来我们一直行驶的这条看起来像是一条舒适、平坦的高速公路，我们能高速行驶。但实际上，在这条路的尽头等着我们的很可能是灾难。另一条我们很少会走的岔路，却很可能为我们提供了保护我们生活的地球的最后机会。

归根结底，走哪条路是我们自己的抉择。如果在经历了如此多的磨难后，我们能对自己提出"知情权"的要求，并且懂得了他人是在要求我们去冒无意义的风险，我们就应该知道不能再听从用有毒化学物质填满我们世界的建议，而是应该四下看看，看看是否还有别的路可走。

要知道除了化学手段，还有很多神奇的方法可以利用。在这些方法中，一些已付诸应用并取得了不菲的成效，另一些正处于实验室试验阶段，还有一些，目前是作为设想存在于富于想象的科学家头脑中，等待时机投入试验。所有这些方法都有一个共同之处——它们都是生物学方法。这些方法在对昆虫进行控制时，是基于对活的有机体以及所依赖的整个生命世界结构的理解。在生物学广袤的领域中，各个领域的专家都在努力工作，他们包括昆虫学家、病理学家、遗传学家、生理学家、生物化学家、生态学家。所有这些人都在努力把自己的知识和灵感投入到一个新兴科学里去——生物防治学。

"任何一门科学都像是一条河。"约翰·霍普金斯大学的生物学家卡尔·P.斯文森教授这样说道，"它有着模糊不清、默默无闻的源头；它的流淌时而平缓，时而湍急；既有干涸的时候，也有泛滥的时候。凭借众多研究者的辛勤劳动和他们的思想的溪流，最终汇集到一起，才形成了科学这条大河。它是被逐渐发展起来的概念和归纳不断加深和加宽着的。"

现代生物控制科学也是如此。在一个世纪前，为了控制困扰农民的虫害，首次引进了害虫的天敌，这应该算作是生物控制学在美国的开端，尽管这个开端是模糊的。在那之后这门新学科的发展起起伏伏，时而进展缓慢甚至陷入停顿，时而又突飞猛进。当从事应用昆虫学工作的人们被20世纪40年代的新式杀虫剂所迷惑时，放弃了生物学手段，并把自己的双脚放在了'化学控制的脚踏车"上；在这样的时期里，生物防治学的河流是处于干涸期的。于是，争取使世界免受昆虫之害这一目标就渐行渐远。现在，当发现漫不经心、随心所欲地使用化学药物对我们自己的伤害要远大于我们给予昆虫的伤害后，生物控制学的河流被重新注入了水源并流淌起来。这水源来自新的认知与思想。

一些最使人着迷的新方法是这样一些方法，它们力求将一种昆虫的力量转而用来与这种昆虫自己作对——利用昆虫生命力的趋向去消灭它自己。这些成就中最令人赞叹的是"雄性绝育"技术，这种技术是由美国农业部昆虫研究所的负责人爱德华·尼普林及其合作者们开发出来的。

大约在二十五年前，尼普林博士提出了一种控制昆虫的独特方法，这种设想使他的同事们大吃一惊。他提出：如果有可能使很大数量的昆虫不育，并把它们释放出去，使这些不育的雄性昆虫在特定情况下去与正常的野生雄性昆虫竞争并取胜，那么，通过反复释放不育雄虫，就可能产生无法孵出的卵，于是这个种群就会灭绝。

那些官僚主义者对这个建议无动于衷，也遭到了一些专业人士的怀疑。但尼普林博士坚持自己的想法。在将此想法付诸试验前，有待解决的一个关键问题是需要发现一种使昆虫绝育的切实可行的办法。从理论上讲，在1916年时人们就知道了X射线照射可以导致昆虫绝育，当时一位名叫G.A.茹内的昆虫学家发现了烟草甲虫的不育现象。20年代末，赫尔曼·穆勒在X射线领域的开创性工作，为人们打开了一个全新的领域。到了20世纪中叶，许多研究人员都报道了至少有十几种昆虫在X射线或伽马射线作用下出现不育的现象。

不过，这些还都是实验室试验，离实际应用还有很远的距离。约在1950年，尼普林博士开始做出极大努力推动将昆虫的不育技术变成一种武器，来消灭美国南部家畜的主要害虫螺旋蝇。这种蝇将卵产在温血动物的伤口上。孵化出的幼虫寄生在宿主身上，以宿主的血肉为食。一头成熟的公牛就会因严重感染在十天内死去，美国因此每年损失高达四千万美元。想要估计野生动物的死亡数是困难的，不过肯定是极大的。得克萨斯州某些区域内的鹿变得稀少，就被归因于这种螺旋蝇。螺旋蝇是一种热带或亚热带昆虫，原本栖息于南美、中美和美国西南部。大约在1933 年，螺旋蝇被意外引入佛罗里达，那儿的气候允许它们活过冬天和建立新的种群。那之后很短一段时间里，它们就推进到了亚拉巴马州南部和佐治亚州，于是，东南部各州的畜牧业每年因此遭受两千万美元的损失。

有关螺旋蝇的生物学的大量资料已在那几年被得克萨斯州农业部的科学家们收集起来。1954 年，在佛罗里达的一些岛上进行了预备性现场实验，尼普林博士准备去开展更大范围的试验以验证他的理论。为此，他与荷兰政府达成协议，并被安排到了加勒比海中的与大陆至少相隔五十海里的库拉索岛上。

1954 年 8 月实验开始，在佛罗里达州农业部实验室中培养和经过不育处理的螺旋蝇被空运到席拉索岛上，并在那儿以每周四百平方英里的速度由飞机投放。实验山羊身上的卵群数量几乎是马上就开始减少。仅在投放行动开始后的七周内，所有产下的卵都变成无法孵化的。很快就再也找不到这种螺旋蝇的正常卵群了。螺旋蝇确实从库拉索岛上被根除。

库拉索岛实验的成功激发了佛罗里达州的畜牧业养殖户的热情，他们也想利用这种技术来使他们免受螺旋蝇之害。虽然在佛罗里达州施行的困难相对较大，因为那里的面积为小小库拉索岛的三百倍。1957 年，美国农业部和佛罗里达州还是联合为扑灭螺旋蝇的行动提供了资金。这个计划包括在一个专门建造的"苍蝇工厂"中每周生产大约五千万只螺旋蝇，然后用二十架轻型飞机按预定航线投放。每天飞行五到六个小时，每架飞机携带一千个纸盒，每个纸盒里装着两百到四百只经过 X 光照射的螺旋蝇。

1957 至 1958 年的冬天很冷，严寒笼罩着佛罗里达州北部，这对开始实施此项计划是个意想不到的良机，因为寒冷使得螺旋蝇的种群数量减少了，并且被限制在一个相对小的区域里。最初设想用人工在十七个月时间内，把三十五亿只人工培育的无法生育的螺旋蝇投放到佛罗里达及佐治亚、亚拉巴马地区。由螺旋蝇引起的动物伤口传染，最后一次发现可能是在 1959 年 1 月。在那之后的几周中，螺旋蝇就中了圈套。其后，再没发现过螺旋蝇的踪迹。消灭螺旋蝇的任务已在美国东南部完成——这是科学创造力的光辉明证，另外还靠着严密的基础研究、毅力和决心。

现在，在密西西比设立了一道隔离屏障，用以阻止螺旋蝇从西南部卷土重来；在西南部螺旋蝇根深蒂固，加上广袤的地域以及从墨西哥再度入侵的可能性，在那一带完全灭除螺旋蝇是不太现实的。尽管如此，农业部还是希望能把这种昆虫控制在一个较低的数量水平之下，在得克萨斯和西南部其他螺旋蝇肆虐的地区，很快就将实行一些类似的控制计划。

消灭螺旋蝇的胜利成果激发了人们用生物方法控制昆虫的热情。当然，并非所有昆虫都适合运用这种技术，这种技术在很大程度上取决于昆虫的生活周期、种群密度和对放射性的反应。

英国人已进行了试验，希望这种方法能用于应付罗得西亚的采采蝇。这种昆虫肆虐了三分之一的非洲大地，给人类健康带来巨大威胁，并妨碍了在四百五十万平方英里的茂密草地上的畜牧业发展。采采蝇的习性与螺旋蝇截然不同，尽管采采蝇也通过辐射变得不育，但要应用这种技术还要解决一些技术性难题。

英国人已就大量的昆虫种类对放射性的感受性进行了试验。美国科学家在夏威夷的实验室以及遥远的罗塔岛的野外试验中，对瓜蝇和东方及地中海果蝇取得了一些令人鼓舞的初步成果，对玉米螟和蔗螟也都进行了试验。存在一种可能性，即具有医学重要性的昆虫也可能通过不育技术而得到控制。一位智利科学家指出，传播疟疾的蚊子逃过了杀虫剂仍在他的国家存在，这时只有投放不育的雄蚊才能给予这种蚊子毁灭性的打击。

通过辐射实现昆虫不育存在着技术上的难题，这迫使人们去寻找新的方法。如今，越来越多的人开始把注意力放到不育剂上去。

在佛罗里达的奥兰多，那里的农业部的科学家现在正采用将化学药物混入食物的方法，在实验室和一些野外实验中让家蝇绝育。1961年在佛罗里达群岛的吉斯岛上，一个家蝇群体仅仅用了五周时间就被消灭。虽然从邻近岛屿飞来的家蝇后来又在那里恢复了种群，但作为一个先导性试验，它还是成功的。农业部为这种方法的前景而兴奋。如我们所见到的，起初杀虫剂几乎完全控制不了家蝇。毫无疑问，我们需要一种控制昆虫的全新方法。用放射性来制造不育昆虫的问题之一是，这不仅需要人工培养昆虫，而且必须要投放比野外昆虫数量更多的不育雄虫才行。这一点对螺旋蝇有效，因为它实际上并不是一种数量庞大的昆虫。然而对家蝇这类昆虫来说，投放比原有家蝇数量的两倍还要多的人工培育的不育家蝇可能会遭到激烈反对，虽然家蝇数量的增多仅是暂时性的。与之相反，一种化学不育剂可以与昆虫饵料混合在一起，再被引进到家蝇生活的自然环境中去；吃了这种药的昆虫就会变得不育。一段时间后，这种不育的家蝇占了优势，这个种群就会自然灭绝。

绝育化学药物的试验，要比做化学毒性的试验困难得多。评价一种化学物质需要三十天时间（当然可以同时开展多种试验）。在1958年4月到1961年12月间，在奥兰多实验室对几百种化学物质的绝育效果进行了筛选，并从中选出了一些有希望的对象，农业部对此感到很兴奋。

现在，农业部的其他实验室也正在继续这项研究，试验化学物质在马蝇、蚊子、棉籽象鼻虫和各种果蝇身上的效果。所有这些目前都还处于实验阶段，不过在开始研究化学不育剂以来的短短几年内，这一工作已取得了很大进展。在理论上，它具有不少足以吸引人的特性。尼普林博士指出，有效的化学昆虫不育剂"其效果可能会很轻易地就超过最好的现有杀虫剂"。请想象一下这样一种情景：一个有一百万只数量的昆虫群体每一代能增加五倍。如果一种杀虫剂可以杀死每一代昆虫的百分之九十，那么第三代后还会存留下十二点五万只个体。与之相比，一种引起百分之九十多昆虫不育的化学物质，在第三代只可能留下一百二十五只昆虫个体。

这个方法也有不利的一面，化学不育剂中也包括了一些极为烈性的化学物质。但幸运的是，至少在早期阶段，大部分研究化学不育剂的人看来都很留心地去选择那些安全的化学品以及安全的使用方法。虽然如此，还是能听到很多要求从空中喷洒绝育剂的声音——例如，要求给被舞蛾幼虫咬过的叶子喷药。在没有彻底研究过绝育剂可能存在的危害前，进行这种尝试是极端不负责任的。如果不牢记绝育剂潜在威胁的存在，我们很快就会陷入比现在杀虫剂所造成的困境更糟的境地。

目前正进行试验的不育剂一般可分为两类，其作用方式都十分有趣。第一类与细胞的新陈代谢有密切关系，即它们的性质与细胞或组织所需的物质极其相似，以致有机体"误认为"它们是真的代谢物，并把其纳入到正常生长过程中去。不过，这种相似性在一些细节上就出现了问题，于是生长会被迫停止。这种化学物质被称为抗代谢物。

第二类用作绝育剂的包括那些作用于染色体的化学物质，它们可能对基因化学物质起作用，并导致染色体的破裂。这一类化学不育剂属于烷化剂，是一种反应剧烈的化学物质，能导致细胞严重损坏，损伤染色体，并造成突变。伦敦的彻斯特·皮特研究所的皮特·亚历山大博士认为："任何足以导致昆虫不育的烷化都可能同时是一种诱变剂或致癌物。"亚历山大博士感到，这样的化学物质在昆虫控制方面的任何应用都将是"极其容易引起争议的"。因此，我们希望现在的这些实验不仅要能找到这些特殊化学物质的实际用途，更需要能找到其他更安全、针对性更强的化学物质。

当前的研究中有一些是利用昆虫本身的生活习性来制造消灭昆虫的武器的。昆虫自己能产生各种各样的毒素、引诱剂和驱斥剂，这些分泌物的化学性质是什么呢？我们能否将它们作为有选择性的杀虫剂来使用呢？来自康奈尔大学和其他一些地方的科学家们正试图发现那些昆虫针对天敌产生的防御机制，以及所分泌的物质的化学结构，来找到答案。另一些科学家正在从事被称为"幼态激素"的研究，这是一种很有效力的物质，它能阻止昆虫幼虫在生长到一定阶段之前发生变化。

也许，在开拓昆虫分泌物领域中最有效的结果是引诱剂的发现。在这儿，又是大自然为我们指出了前进的道路。舞蛾是一个特别引人入胜的例子。这类蛾子的雌蛾由于身体太重而飞不起来，它们生活在地面上或靠近地面的地方，只能在低矮的植物间扇动翅膀或者爬上树枝。相反，雄蛾则善于飞翔，它们可以在由雌蛾体内的一种特殊腺体释放出的气味吸引下，从很远的距离之外飞来。昆虫学家们利用这一现象已很多年了，他们辛苦地从雌蛾体内提取了这种性引诱剂。最初被用于沿着昆虫分布地区边沿地带诱捕雄蛾，进行统计调查。不过，这是一种花费极大的办法。且不管在东北各州大量公布的虫害蔓延情况如何，实际上，并没有足够多的舞蛾来供人们提取这种物质。于是，不得不从欧洲引进人工收集的雌蛹，有时每只蛹价格高达半美元。但经过多年努力，农业部的化学家们最近成功分离出了这种性引诱剂，这是一个巨大的突破。随着这一发现而来的是成功用海狸油成分合成了十分相似的合成物，这种合成物和天然的性引诱剂具有差不多同样的引诱能力。在捕虫器中放置一微克（百万分之一克）此种物质就足以生效。

这一切远远超出了学术范畴，因为这种新的、经济的"舞蛾诱饵"不仅可能应用在昆虫调查工作中，而且还可应用于昆虫控制工作。一些可能具有更强引诱能力的物质现在正在试验中。在这种可以看作是心理战的实验中，这种引诱剂被做成微粒状物质，并用飞机撒播。这样做的目的是为了迷惑雄蛾，从而改变它的正常行为，在这种具有引诱力的气味干扰下，雄蛾没法找到能导向雌蛾的真正气味的踪迹。目的在于引诱雄蛾与假的雌蛾交配的实验也在进行中。在实验室中，雄性舞蛾被引诱与小木片、蛭石或者别的小物件交配，只需要把这些东西浸上引诱剂就行。利用昆虫的求偶本能使其不能繁殖，从而减少其种群数量的方法的实际效果还需要做进一步的实验，但总体而言这不失为一种重要的研究方向。

舞蛾引诱剂是首例人工合成的昆虫性引诱剂，不过很可能很快会有其他的出现。现在正在对一定数量的农业昆虫受人工仿制的引诱剂的实际效果进行研究调查。在海森蝇和烟草天蛾的实验中已取得了令人鼓舞的进展。

现在人们正在试着把引诱剂和毒药混合起来去治理一些种类的昆虫。政府科学家曾发明了一种被称为甲基丁香酚的引诱剂，用来引诱东方果蝇和瓜蝇效果非常好。在日本南部的小笠原群岛上的试验中，这种引诱剂被与一种毒素结合了起来。许多小片纤维板浸过了这两种化学物质，然后由空中散播到整个群岛，引诱和杀死那些雄性飞蝇。这一"扑灭雄性"计划开始于1960年，一年后，农业部估算有百分之九十九以上的飞蝇被消灭了。这一方法明显要优于传统的杀虫剂喷洒方式。所用的有机磷毒素只局限于纤维板上，不会被野生动物吃掉。同时，残留物会很快消逝，因而不会对土壤和水造成潜在的污染。

不过，昆虫世界中的通信联系并非全部是借助产生吸引或排斥效果的气味来实现的。声音也是一种很重要的手段。飞行中的蝙蝠所发出的连续不断的超声波（像雷达系统一样地引导蝙蝠在黑夜里飞行并寻找猎物）可被某些蛾听到，从而逃脱蝙蝠的搜捕。寄生蝇飞临的振翅声对锯齿蝇的幼虫是一个警告，它们会聚集起来进行自卫。另一方面，在树木上生长的昆虫所发出的声音能使它们的寄生生物找到它们；同样，对于雄蚊来说，雌蚊翅膀发出的振动声就像海妖的歌声一样动听。

是什么使得昆虫具有这种对声音分辨和做出反应的能力呢？这一研究虽然还处于实验阶段，但却是很有趣的。通过播放雌蚊飞行时发出的声音的录音，在引诱雄蚊上取得了初步成功，雄蚊被引诱到了一张通了电的电网上被杀死。在加拿大进行了声波趋避效果试验，用来对付玉米螟和糖蛾。研究动物声音的两个权威——夏威夷大学的休伯特教授和马布尔·弗林斯教授相信，只要能找到一把能打开昆虫声音的产生与接收的知识宝库的钥匙，就能建立起用声音来影响昆虫行为的野外方法。趋避的声音比引诱的声音的实用前景更大。他们两人发现，燕八哥在听到同类的惊叫声的录音后，会四散逃开；正是这一发现使得他们两人闻名于世。也许在这一事实中存在可能应用于昆虫的奥秘。这种可能性对于工业行业的管理者更具诱惑性，因为至少有一家主要的电子公司正准备为此项研究提供一间实验室。

声波被作为武器直接杀死昆虫的研究也在进行中。在一个实验槽内，超声波杀死了所有蚊子的幼虫；可惜的是也同样杀死了其他水生有机体。在另一个实验中，空气中的超声波杀死了绿头大苍蝇、麦蠕虫和黄热病蚊子。所有这些实验都只是迈向一个全新的昆虫控制方法的第一步。有一天，神奇的电子学会使这些设想变成现实。

对付昆虫的新的生物控制方法并不只是与电子学、伽马射线和人类发明的其他东西有关。这些方法中有一些已是源远流长，原理是：昆虫跟人类一样会患病。例如人类历史上遭遇过的那些瘟疫也会出现在昆虫世界，细菌也会感染昆虫种群，还有病毒也会攻击昆虫，导致昆虫大批死亡。还是在亚里士多德时代前，人们就已经知道昆虫也会生病；在中世纪的诗歌中，就有对桑蚕病的描述。正是通过对桑蚕病的研究，巴斯德发现了传染病的原理。

昆虫不仅会受到病毒和细菌的侵扰，而且也会受到真菌、原生动物、蠕虫和其他微小生命世界中的小生物的侵害，这些微小生命应该算作人类的朋友。这些微生物不仅是病原体，也能处理废物来肥沃土壤，并参与发酵和消化这样的生化过程。为什么它们不能帮助我们控制昆虫呢？

第一个设想利用微生物的是19世纪的一位动物学家艾力·梅特切利科夫。在19世纪的后十年和20世纪前半叶，关于微生物控制的想法逐渐形成。向一种昆虫生活的环境中引入一种疾病而使这种昆虫可以得到控制的第一个证据，是出现在20世纪30年代后期，当时在日本甲虫中发现并利用了牛奶病。牛奶病是一种由芽孢杆菌引起的昆虫疾病。我在第七章中已谈到过，这一细菌控制昆虫的典型案例，在美国东部已有悠久的传统。

现在，人们把希望寄托在另一种细菌——苏云金杆菌上，这种细菌最初是在1911年在德国图灵根被发现的，在那儿人们发现它能引起粉蛾幼虫患上致命的败血症。实际上这种细菌的强大杀伤力不是来自致病，而是来自毒性。在这种细菌的植物性枝芽中，随同孢子一起，生成了由蛋白质构成的晶体。这种蛋白质对某些昆虫具有极强的毒性，尤其是对属于鳞翅类昆虫的蛾。幼虫吃了带有这种毒素的叶后，会出现麻痹、停止吃食并很快死亡。从实用的角度看，立即停止吃食是非常有利的，因为只要施用了病菌，庄稼的受害情况就能马上停止。如今，美国一些公司正在生产各种包含了苏云金杆菌芽孢的化合物，另外有一些国家正在进行田野试验：在德国和法国用于对付菜粉蝶幼虫，在南斯拉夫试验对付美国白蛾，在苏联试验对付黄褐天幕毛虫。在巴拿马，试验开始于 1961 年，这种细菌杀虫剂可能会解决香蕉种植者所面临的一些严重问题。在那儿，根蛀虫是香蕉树的一大害虫，因为它破坏了香蕉树的根部，使香蕉树很容易被风吹倒。狄氏剂曾是对付根蛀虫的唯一有效方法，不过现在它已引起了一系列灾难性的连锁反应。这种根蛀虫现在已经有了抗药性。而且狄氏剂也杀死了一些重要的捕食性昆虫，并因此引起了卷叶蛾的增多（这是一种很小的、身体坚硬的蛾，它的幼虫会在香蕉表面留下难看的疤痕）。人们有理由希望这种新的细菌杀虫剂能在消灭卷叶蛾和根蛀虫的同时，又不打破自然平衡。

在加拿大和美国东部森林区域，细菌杀虫剂可能是对付诸如蚜虫和舞蛾这类森林昆虫的一个重要方法。1960 年，这两个国家都开始使用商品化了的苏云金杆菌制品进行田野试验，初步结果使人鼓舞。例如，在佛蒙特，细菌控制的最终效果与用 DDT 的效果一样好。现在，主要的技术问题是找到一种溶液，能用它把芽孢粘连在常绿树的针叶上。对农作物来说不存在这样的问题，药粉的效果也很好。尤其是在加利福尼亚，细菌杀虫剂已经被在蔬菜上试验运用。

同时，另外一些也许不那么引人注意的研究工作是围绕病毒展开的。在加利福尼亚的长着幼小紫花苜蓿的原野上，正在喷洒一种物质，这种物质与杀虫剂一样，具有杀死苜蓿毛虫的效果。这种物质是一种取自毛虫体内的病毒溶液，这些毛虫都是在感染这种病毒后死亡的。只要五条患病的毛虫就能为一英亩的紫花苜蓿提供足够的病毒。在加拿大的一些林区，一种对松树锯蝇有抑制效果的病毒的实验也取得了可喜成果，现已被用来代替杀虫剂。

捷克斯洛伐克的科学家们正在试验用原生动物来对付织网毛虫和其他害虫；在美国，人们发现了一种寄生性的原生动物可以用来降低玉米螟的产卵能力。

有一些说法认为，微生物杀虫剂可能会给其他形式的生命带来危险，很可能被用于细菌战争。但实际情况并非如此。与化学药物相比，昆虫病原体只会针对特定昆虫发挥作用，对其他生物都是无害的。爱德华·斯坦豪斯博士是一位杰出的昆虫病理学权威，他强调说："无论是在实验室，还是在自然界中，从来没有出现过昆虫病原体导致脊椎动物传染病的记录。"

昆虫病原体如此专一，以致它们只对一小部分昆虫，有时甚至只对一种昆虫具有致病能力。正如斯坦豪斯博士指出的，昆虫疾病在自然界的爆发，始终是被局限在昆虫世界中，它既不影响宿主植物，也不影响吃了昆虫的动物。

昆虫有许多天敌，不仅包括许多种类的微生物，而且还有其他昆虫。第一种昆虫控制的生物学方法就是刺激其天敌的发展的方法，这种方法的发现总体说来应归功于 1800 年的艾拉兹慕斯·达尔文。很可能因为用一种昆虫治另一种昆虫是生物控制法的第一个经过实际检验的方法，所以人们经常广泛而又错误地认为它是替代化学药物的唯一手段。

在美国，将生物控制作为常规方法开始于 1888 年。当时，昆虫学探险者的先驱艾伯特·科尔贝利去澳大利亚寻找威胁着加州柑橘业的吹绵蚧的天敌，这正是传统的生物控制方法在美国的开始。如我们在第十五章中已看到的，这项计划已获得了辉煌的成功。在 20 世纪，全世界都在搜寻昆虫天敌以用于控制那些闯入国境的不速之客。总计约有一百种重要的捕食性和寄生性昆虫被确定下来。除了由科尔贝利引进的澳洲瓢虫，其他一些昆虫天敌的引进也很成功。一种由日本引进的黄蜂已完全控制住了一种侵害东部苹果园的昆虫。斑点紫花苜蓿蚜虫的一些天敌是意外由中东引进的，加利福尼亚紫花苜蓿业因此得以拯救。就如同细腰黑蜂对日本甲虫的控制一样，舞蛾的捕食者和寄生者也起到了很好的控制作用。对介壳虫和水蜡虫的生物学控制预计将为加利福尼亚州每年挽回几百万美元的损失。该州昆虫学的领导人之一保罗·德巴赫博士估计，加州在生物学控制工作中每投入四百万美元，就能得到一亿美元的回报。

目前，在世界上大约有四十几个国家成功引入了昆虫天敌，并利用生物控制技术控制住了害虫。比起化学方法，生物控制技术具有明显优势：相对成本低，具有永久性，并不会留下残毒。但生物学控制所得到的支持一直很少。在建立正规的生物学控制体系上，加利福尼亚实际上是孤立无伴的，许多州甚至还没有一位昆虫学家专门致力于生物控制的研究。也许，对于取得支持来说，用昆虫天敌来实行生物控制的工作始终还缺乏一种科学上的严谨——几乎还没有在生物控制中对被捕食昆虫的分类种类进行严格研究，并且一直没有精确进行散布天敌的工作，而这种精确性可能是决定成败的关键。

捕食性昆虫和被捕食昆虫都不会单独存在，它们只能是生命之网的一部分。也许在森林中存在着最多使用生物控制方法的机会。现代农业的人工化程度过高，早已不再是自然状态。目前只有森林更接近于自然环境。在那儿，人类的介入最少、干扰最小，大自然可以按自己本来的面目展开，建立起美妙而又错综复杂的平衡体系，这种体系可以保护森林免遭昆虫过分危害。

在美国，我们的森林管理人看来已在考虑主要通过引进捕食性昆虫和寄生性昆虫来进行生物控制了。相对而言，加拿大人的视野更为开阔，而一些欧洲人却走得最远，他们发展出了让人叹为观止的"森林卫生学"。在那里的林务官们看来，鸟、蚂蚁、森林蜘蛛和土壤中的细菌都是森林的一部分，在这种观点下，他们培育新森林时，会考虑到这些保护性因素。保护鸟类是第一步。在如今这样的集约林业时代，旧时代的空心树木已经消失，这样一来啄木鸟等栖息在树上的鸟类就失去了家园。为了解决这个问题，那里的人们利用了巢箱重新把鸟类吸引到森林里。他们也有专门为猫头鹰、蝙蝠设计的巢箱，这些巢箱使这些鸟儿能接那些在白天工作的鸟类的班，在夜里进行捕虫的工作。

不过，这仅仅是个开始。在欧洲森林中最吸引人的控制工作是利用一种森林红蚁作为进攻性的捕食昆虫。——很不幸，美国没有这种蚂蚁——大约在二十五年前，维尔茨堡大学的卡尔·高斯瓦尔登教授发现并培育了这种红蚁的种群，在他的指导下，一万多个红蚁群落被放置在德意志联邦共和国的九十个试验地区。高斯瓦尔登教授的方法已被意大利和其他国家所采用，他们建立了蚂蚁农场，以供给林区投放用的蚁群。例如，在亚平宁山区，人们已经发展出数百个蚂蚁群落来保护森林。

德国莫尔恩市的林业官汉斯·鲁佩西舍芬博士说："在你的森林中，如果有鸟类、蚂蚁的保护，还有一些蝙蝠和猫头鹰的话，说明那里的生态平衡已经得到了改善。"他相信，为树木培育各种"天然伴侣"要比引进单一捕食昆虫或寄生昆虫更加有效果。

在莫尔恩市的森林中，新的蚁群被用铁丝网保护起来，以免被啄木鸟吃掉（在一些试验区，十年来啄木鸟增加了百分之四百）。这种方法既可以防止啄木鸟危害蚁群，又可以促使啄木鸟寻找树木上的有害昆虫为食。照料这些蚁群（同样还有鸟巢箱）的工作主要由当地学校的十到十四岁的学生来承担，成本非常低廉。最大的好处是这种对森林的保护是长期和持续性的。

鲁佩西舍芬博士的工作中另一个有趣的方面是他对蜘蛛的利用，在这方面他是一个开路先锋。虽然现在已有大量的关于蜘蛛分类学和自然史方面的文献，但却都是不成系统的，并且完全不涉及蜘蛛在生物学防治上的价值。在已知的两万两千种蜘蛛中，有七百六十种是德国本土的（约两千种属于美国本土）。在德国森林里，生活着二十九个不同品种的蜘蛛。

　　对林务管理人员来说，蜘蛛最重要的是它们所结的网。而这其中轮网蛛又是重中之重，因为它们织出来的网极其细密，能捕捉所有飞行的昆虫。十字蜘蛛的一张网上（直径达十六英寸）大约拥有十二万个黏性网结。一只蜘蛛在十八个月的生命史里能消灭两千只昆虫。一座健康的森林每平方米林地应该有五十到一百五十只蜘蛛。也可以通过人工投放来达到这个比例。鲁佩西舍芬博士说："三个蜂蛛（美国也有这种蜘蛛）子囊可产出一千只蜘蛛，它们共能捕捉二十万只飞虫。"他说春天的小巧、纤细的轮网蛛特别重要，"当它们同时吐丝时，这些丝就在树木的枝头上形成一张巨大的网盖，保护住了树枝桠头的嫩芽不受飞虫危害。"当这些蜘蛛蜕皮和长大时，这个网也会随之变大。

　　加拿大的生物学家们的研究方向曾与其十分类似，两地实际情况有很大不同，北美的森林不是人工种植，在更大程度上是自然状态的；另外，起到保护森林作用的昆虫也有很大的差异。在加拿大，人们比较重视小型哺乳动物，它们在控制某些昆虫方面具有惊人的效率，尤其是对那些生活在森林底部松软土壤中的昆虫。这些昆虫中有一种叫作锯蝇，人们这样称呼它是因为这种蝇的雌蝇长着一个锯齿状的产卵器，它正是用这个产卵器剖开常绿树的针叶，然后把卵产在里面。幼虫孵出后会掉落到地面上，并在落叶松下的腐殖土里或是云杉和其他松树下的土壤里，形成蝇茧。在森林地面下的土壤里是一个蜂巢状的世界，充满了由小型哺乳动物开掘的隧道和通路。这些小动物有白脚鼠、鼹鼠和各种鼩鼱。在这些小小的打洞者中，贪吃的鼩鼱能发现和吃掉大量的锯蝇茧。它们吃的时候会用一只前爪摁住茧，先咬破头部，然后从底部开始吃。它们表现出对茧的精确的识别能力，能很轻易地分辨出茧是空的还是实的。这些鼩鼱有着惊人的胃口，一只鼹鼠一天能吃掉两百个茧，而一只鼩鼱每天则要吃掉八百个以上。从实验室实验结果来看，这些鼩鼱能消灭百分之七十五到百分之九十八的锯蝇茧。

　　纽芬兰岛的情况是非常典型的。纽芬兰岛受到锯蝇的严重危害，但当地没有鼩鼱。于是那里在1958年引进了一种对付锯蝇最有效的锯蝇捕食者——假面鼩鼱进行试验。加拿大官方于 1962 年宣布说，这一试验已经成功。假面鼩鼱在当地繁殖起来，并已开始扩张。在离投放点十英里远的地方，很快就发现了带有标记的鼩鼱。

那些有心想要保护森林内部天然环境的护林人，有着各种可以作为武器使用的办法。化学控制最多是一种权宜之计，实际上毫无任何实际效果。不但如此，化学药物还会杀死河里的鱼类，给森林里的昆虫体系造成灾难性的破坏，从而打破了自然的平衡，并让人们建立的生物控制的努力付诸东流。鲁佩西舍芬博士说，这种粗暴手段使得"森林中生命的互济关系彻底丧失，而且寄生虫灾害反复出现的间隔时间也越来越短……因而，我们必须要停止这样操弄这片至关重要的、最后一块自然的生存空间的行为"。

为了能与其他生物共享地球家园，我们发明了各种各样新的、富于想象力和创造性的方法；这些无不体现出一个永恒性的主题：我们要意识到自己是在跟生命——活的群体、它们的压力和反压力、它们的繁荣与衰败——打交道。只有认真对待生命的力量，并小心翼翼地引导它们朝着有利于我们的方向发展，我们才有希望与昆虫世界达成合理的平衡与和谐。

当前使用化学杀虫剂的做法完全没有进行过这些最基本的考量。我们像原始人挥舞着大棒一样挥舞着化学药品的大棒，把它撒向自然的生命体系。要知道一方面这个生命体系十分脆弱，很容易遭到破坏；另一方面它又有着极其顽强和坚韧的生命力，随时都会以出人意料的方式开始它的反击。那些崇尚化学控制的人忽视了生命的这种坚韧与顽强，毫无原则与谦卑地展开肆无忌惮的攻击，却完全忘记了人类的所谓"高度理智"和人道精神。

"控制自然"这个词本身就是妄自尊大的产物，它是产生于生物学和哲学的初级阶段的东西，当时人们设想能"控制自然"，是因为以为自然是为人类而存在的。应用昆虫学的那些概念和行为方式，大多诞生于科学的蒙昧时期。这样一门如此原始的学科，却被配置上了最现代化、最可怕的武器。可在被用来对付昆虫的同时，也在危害着地球和我们自己。这真是人类的巨大不幸啊。